日日多肉

蔡岳廷（小山舍）著

好丘「簡單市集」主辦人　Mia Ban：

市集的迷人，在於你們的到來，一併帶著你們的靈魂。你們從山裡來，在人潮縫隙中露出若草色的光，每個季節的小山舍，都用勁草的溫柔讓我們得以在城市的枝枒棲息。

開頭是伴著午後陽光灑落一聲「嗨！」，接著便是日落了，我們相視笑著：「下個月見、一切順利。」

插畫家　川貝母：

翻開書本，很難不被照片吸引：微距觀看多肉像是某種宇宙星雲圖一樣，緩緩的盡情綻放著，很難想像這樣的宇宙就拳養在盆子裡。砂土的調配、容器的選擇，小山舍仔細說明如何照顧好多肉，也談及生活細節的觀察，巷弄窗臺上整齊生長的植物，或在地上裂縫隨意蔓延的多肉，各自展現不同狀態的適得其所。務必認識每一株多肉的名字，各個美得像首短詩。

作家　王盛弘

與英國大造園家「能人勃朗」致力於發掘當地的魂靈異曲同工的是，小山舍拿「適得其所」作為拳養多肉的原則，新手可以按部就班、Step by Step 跨越入門門檻，頗有經驗的也可藉此檢視自己的方法，晉身綠手指行列。

布拉瑞揚舞團藝術總監　布拉瑞揚

「留一點時間，觀察身邊微小且寧靜的美好風景」，這不會是一般的植物圖鑑，也領著自己感受生活，感受生命。

作家　孫梓評：

初次邂逅小山舍，拜臉書便利所賜，一見鍾情。

──是誰能將那樣多名稱詩意的多肉，妥善置於豐富色澤流動如夕燒光線變換的容器，然後拍成一幀幀風景定格？太好奇了，陽光好的午後，刻意前往簡單市集，赫然是幾個年輕男孩，他們好細心向門外漢如我，解釋每一種多肉的照顧方法。誠懇，樸實，卻溫暖得教人真想活成一株他們埔里院子裡的多肉植物。

好幾個季節過去了，感謝小山舍，我貧瘠的陽臺，終於也能有一片小山色。

設計師　蔡南昇：

之前我總認為種植植物、多肉是因為它們充滿生機、繽紛的姿態療癒了我們。而小山舍說，當我們開始對植物學習用對的方式、對等的關係照護時，與它們產生對話的瞬間，我們必將從內心深處領略它們地位平等的回應。

療癒始終是雙向的，生活中排出一段時間與自然共處，看著它們因為照顧、一來一往的歷程越長越好，我們也能從中緩和生活步調，重新得到身心的寧靜。

我喜歡小山舍對植物與生活這樣精細且溫柔的觀察。

「崎暘園藝」負責人、多肉職人　羅亗暢：

在興趣中工作，是多麼的幸福！小山舍不輕易改變自己來追隨市場，他們不斷累積多肉植物栽培的知識外，更讓我們看見植物中的藝術性。美豔的花，是對事堅持所綻放的！

目次

魔雲仙人掌頂端毛絨絨的花座

一、它們都是石蓮花嗎？

日常生活裡的角落，偶遇一些姿態綻放的多肉植物，令人感到驚喜

　　有人看到葉片肥厚的多肉植物們，常常會直接聯想到「石蓮花」，或是心中不自覺浮出一個有趣的問題：「它們可以吃嗎？」

　　在回答之前，我們可以回到問題的根本：為什麼大多數的人會覺得多肉植物＝石蓮花＝可食用？

　　臺灣市場中，由於少數多肉植物被認為具有某些療效，業者因而開始大量栽種這類符合經濟效益、可食用的多肉植物。雖然，它們都不是本土的品種，但經過組織栽培，漸漸適應臺灣的氣候而馴化，這些高經濟作物也在我們的常民植物景致中蔓延開來。

　　有一段時間，家家戶戶都習慣在自家門口或陽臺種上一兩盆多肉植物，因為在許多人的理解裡，葉子放在土上就會自動長出另一棵，也不太需要澆水，就可以長得很好；夏天摘下幾片葉子清水洗一洗，沾著梅子粉吃，生津解渴又清熱解毒，而且聽說冰過更好吃（？）

　　世界各地的多肉植物被拿來當成食材料理，已是很普遍的事了，例如中南美洲的超市，常販售被切割下來的大片仙人掌、巨型蘆薈，甚至是它們的果實，就像一般蔬菜水果一樣自然融入當地的飲食文化中。

　　回到上述提到最常被拿來食用、宣稱具有療效的多肉植物，大部分指的是「東美人」、「朧月」這兩個品種，因為葉片質地偏硬，又有蓮座的造型，所以大多習慣稱之為「石蓮花」，但這絕對只是一個泛稱，因為沒有任何一個品種叫這個名字。

　　因此，釐清什麼是「可食用」的石蓮花後，下次再看見那些葉片及莖部肥厚可愛的多肉植物們，記得，它們都有各自的名字，而且不見得都能夠吃下肚喔！

上：豐厚可食的東美人
下：蓮花般盛開的朧月

1. 什麼是多肉植物

CAM 型植物

　　多肉植物屬於被子植物，也是開花植物。很多人會因為部分種類的葉形有花朵般的姿態，以為那大概就是它們的花了；或者看見開出令人驚豔的花朵時，總忍不住發出「哇～原來它會開花啊」的讚嘆。事實上，多肉植物幾乎都會開花，而且顏色大多相當鮮豔，造型也非常具有張力，特別是景天科擬石蓮屬。

　　這類多肉植物分布的範圍極廣，許多人會猜測它們都是沙漠植物──沒錯，絕大多數的原生地都在沙漠，但也有部分是在海邊、雨林、高山等我們意想不到的地方。但整體來說，這些原生地的環境可以歸納出三個特點：土地貧瘠、旱季較長、日夜溫差大。

青星美人與旭鶴，看似開花，但其實不是

女王花笠的葉片造型，就像一朵豔紅色的花

景天科擬石蓮屬常抽出長長花梗，開出令人驚豔的花朵

仙人掌的花序，與堅毅的植株，成了強烈的對比

大戟科典型的花朵樣態偏小

到了晚上，才是多肉植物氣孔打開、吸收水分的時候。記得要在晚上
澆水

一般認知的草本、木本植物，通常會在白天進行大量的光合作用及少量的呼吸作用，所以日間排出較多的氧氣，夜晚則釋放二氧化碳；這也是為什麼我們總是被建議白天去森林裡健走運動、晚上睡覺的臥房盡量不要擺太多草木植物等。

不過多肉植物恰恰相反。

因為它們多數生長在陽光充足的旱地，因此日間氣孔會閉合，盡力避免任何水分喪失的機會。到了夜晚，溫度驟降，水氣開始變得比較充足，多肉植物莖與葉上的氣孔就會打開，不斷吸收空氣中的水氣，或藉由根部來吸取土壤表層微乎其微的水分。

這樣的機制，稱作景天酸代謝（Crassulacean acid metabolism，簡稱 CAM），但是並非所有的 CAM 型植物都是多肉植物，然而，幾乎所有的多肉植物都具備了景天酸代謝的運作機制。

特化的儲水機制

多肉植物另一個特徵，便是經過特化後肥厚的莖與葉。這樣的演化是為了能夠在雨水相當有限的環境下生存，所以植物的身體裡儲存了許多的水分，即便一個月甚至更長的時間不下雨，只要通風的條件良好，它們還是可以在夜晚透過氣孔打開、吸收空氣中微量的水氣，而安然度過各種嚴苛的環境。故此，多肉植物也被視為進化到最高級的植物！

上：福娘的葉片肥厚且裹著濃濃白粉
中：白厚葉弁慶渾圓的葉片
下：天錦章屬為高度肉質化的多肉植物

仙人掌 v.s 多肉植物

　　說到植物界裡胖胖圓圓的身體，很多人第一個聯想到的一定是滿身都刺的仙人掌們。沒錯，仙人掌也是多肉植物的一分子，因為它們同時具備了 CAM 的機制，莖與葉也特化成能夠大量儲存水分的構造，以及減少水分蒸發的刺狀。不過仙人掌的品種數量目前將近五千餘種，並透過授粉交配繁殖的方式陸陸續續增加中，因此，它們已經獨立成為仙人掌科了。但當大家提到多肉植物時，仍舊包括仙人掌，所以無論在日本或臺灣，總習慣用「仙肉」兩個字來統稱它們。

左：仙人掌中的王冠龍具有肥厚如球體的莖，可儲存大量的水分
右：葉片演化成針狀，是為了減少烈日下水分的蒸發

臺灣命名的現象

很少人會去談多肉植物中文品種名稱的由來,這卻是很值得被拿出來討論的問題。

在臺灣多肉植物的市場普遍存在著一個現象:由於進口品種的譯名、店家自行命名、新的交配種不斷問世的關係,使得部分名稱缺乏一致性;在不同環境的照顧管理下,同一個品種會出現些許差異的品相,業者只要換個名字,市場上的價格就可能有極大的落差。

而臺灣的多肉植物名目主要還是沿用日文的翻譯,但近年來國內種植多肉植物的風氣日漸盛行,業者開始從中國、韓國等其他國家引進更多的品種,使得中文命名更加多元。例如「姬花月」引進臺灣後,園藝界多數叫它「筒葉花月」,但有些店家會以外形特徵取名為「史瑞克耳朵」或是「發財樹」、「聚錢草」來刺激買氣。

不管是譯名或自行命名,還是建議剛入門的多肉植物愛好者能夠發揮一點研究精神,上網搜尋相關的植物名稱,也多多比對一些前輩們已經整理好的圖鑑,若能分辨學名及多數人慣稱的俗名,在選購自己喜愛的多肉植物時,就可避免掉因命名亂象而多花了冤枉錢。

姬花月,也叫做筒葉花月

抵擋輻射及淨化空氣？

多肉植物真的能夠抵擋輻射或淨化空氣嗎？我想，這是很多初接觸者最想知道的問題了。有些人總有迷思，認為在電腦或電視前擺上幾盆的仙人掌就能夠對抗輻射，然而這是毫無科學根據的說法，頂多也只是螢幕釋放出來的熱能，讓不怕熱的仙人掌得以生存，但長期下來，絕對不是一個對它們友善的擺放位置。

至於淨化空氣的問題，若以 CAM 型的植物可於夜間釋放氧氣的觀點來看，是多多少少能讓室內的氧氣量多一點點，但功效相當有限，就算整個陽臺都種滿了多肉植物，還不如增加室內的空氣對流。

更別說只是擺上一兩盆而已。

不過值得一提的是，在多肉植物的分類裡面，有一虎尾蘭屬的品種夜間排氧量相當高，本身又屬耐陰、耐旱的強健型植物，相較之下可放在室內的時間也較長；在日本的醫療院所或安養院，都不難發現虎尾蘭的身影，其目的即是吸收二氧化碳等廢氣及排放出更多的氧氣。

上：虎尾蘭為 CAM 型植物中，夜間排氧量最高者，亦適合擺放在 室內
下：多肉植物大多不怕熱，只要放置通風良好處，於生長季時曬多 一點的太陽，植株就能很健康

2. 當你帶它們回家時：介質與換盆

介質的介紹

　　新手朋友從花市或園藝店買回多肉植物之後，常常以為直接把盆栽們擺放在喜歡的位置，只要特定時間澆水，植物就可以長得很好。但時間久了，總會覺得植物們好像失去原有的光彩。最主要的原因，往往是沒有幫它們換上新的介質。

　　原先的培養土及椰纖都具有強力保濕、保肥、低成本的特性：保濕保肥促使多肉植物在短時間內迅速長大，成本低所以業者使用這樣的材料大量繁殖。

　　培養土及椰纖這樣的介質均屬有機質，雖然吸附水分跟本身的肥性都算不錯，但差不多在種植三個月後，會因為跟空氣、水接觸而慢慢硬化，變得不再具有原先的優點。也會開始釋放酸性成分，使得適合種植在土壤PH值６７（偏中性）的多肉植物們，在沒有替換適當的介質、根系一直處於酸性的土壤狀態下，漸漸地無法正常吸收水分及輸送養分。另外酸性的土壤，也容易滋生細菌來侵蝕最為脆弱的根系。

　　是否有過類似的經驗：買幾個盆栽回去，卻發現家裡的小黑蚊或不知名的小蟲子越來越多？這就是使用過多的培養土或椰纖的關係。

　　有機質在高溫度、高濕度之下，蟲類容易跑到裡面產卵孵化。所以，要種出漂亮肥厚的多肉植物們，首要條件一定要換掉原先的介質，除了讓它們長得好，也較能確保盆栽不會為你的居家環境帶來擾人的「蟲害」。

　　至於換掉的培養土或椰纖，該怎麼處理？大部分的人會直接丟棄，但假使你有種植其他草本、木本植物，只要將換下來的土壤透過日曬殺菌及風乾，就可以拿來再利用，作為一般植物的混合土壤。

　　種植多肉植物時，介質是相當重要的一部分，在挑選時只要掌握三個原則：粗顆粒、排水性良好、通氣性佳，這樣調配出來的介質，便不會有太大的問題。

一般從花市買到的多肉植物，都是用椰纖或是培養土當介質

市面上容易購買的介質種類

富士砂：

火山岩的一種，質地較硬，不易崩解，具礦物性肥，排水性及透氣性皆不錯，可長期重複使用。

發泡煉石：

黏土加水製成顆粒狀後高溫燒製而成，球狀氣孔多、質地輕且堅硬不易粉碎，具有透氣性跟排水佳的特性，適合當盆底介質。

蛭石：

天然礦物質，擁有較多肥性，具有良好的透氣及排水性，且質地輕盈。

唐山石：

黏土燒製而成，表面呈現不規則狀，可使介質與介質之間的透氣及排水性較佳，同時具有礦物性肥分。

泥炭土：

植物經過幾千年腐化後的腐植土，經過加工與殺菌乾燥後而成。保水與保肥性佳，能使植物充分吸收較多養分，但也因此需要搭配其他疏水性佳的介質混搭使用，避免保水過強使根系腐爛。

鹿沼石：

火山土加工而成。排水與透氣都不錯的介質，但為弱酸性，須視植物特性使用，與其他介質混合使用效果佳。

赤玉土：

日本古老柳杉林地底下三公尺開採，屬火山黏土經高溫燒製而成，保濕性及排水性佳，適合作為主要介質調配使用。

玉土石：

黏土燒製而成類石化的質地。材質堅硬質地輕，排水性、透氣性、保水性均佳，是相當好用的介質。

富士砂

發泡煉石

蛭石

唐山石

泥炭土

鹿沼石

赤玉土

玉土石

另外，目前園藝資材行，亦可購得如蛇木屑、溪沙、麥飯石、珍珠石、蘭石等材料作為調配多肉植物的介質。不過每一種材料都有其特性，混合使用最怕過於保水或過於疏水的問題。所以上述介紹的八種，若以其特質按比例調配，可作最為通用的多肉植物介質。

混合調配介質：建議比例

赤玉土、蛭石、唐山石、鹿沼石（2：1：1：1 充分混合，占總介質 50％）＋泥炭土（占總介質 50％）

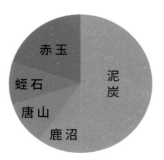

粗顆粒狀混合調配的介質

以透視的方式來呈現盆器中的介質分層：鋪面裝飾土（上層）、混合介質（中層）、發泡煉石（底層）

開根粉

細竹匙

毛刷

剪刀

底網

鏟匙

發泡煉石

水泥空盆

鋪面裝飾土

緩效顆粒肥

噴水器

植物

粗顆粒狀混合介質

為多肉植物換盆
A. 清理根系

1. 將植物從原先的盆器中取出，若不易取出，可輕輕拍打盆器外圍，使根系跟盆完全脫離。

4. 若植物的根部過於旺盛，可用剪刀修剪老舊的根系，切勿將主根（較粗的根）修得過短或完全去除。

2. 將舊土徹底清除至裸根。

5. 將已清完根的多肉植物放置通風陰涼處，約七天待根部傷口自然風乾後才能種植。

3. 可用水清洗附著在根部上的細小介質或髒垢等。

B. 上盆

取一片網狀的塑膠片放置盆器底部孔洞，避免介質漏出來，也可減少昆蟲從底孔爬入介質的機會。

若以四吋盆為例，放入五顆的緩效顆粒肥，並用小湯匙跟介質充分攪拌。

鋪上一、兩公分高的發泡煉石於底部，作為底部透氣層。

在植物的根部上用筆刷均勻地抹上開根粉，除了殺菌避免感染外，也可使植株較快長出新根。

將調配好的介質放入至盆器一半左右的位置，預留植株新根生長的空間。

將植株放在盆中間，並開始加入介質約八、九分滿。

7. 鋪上裝飾土，以細顆粒的赤玉土、火山岩、唐山石為佳，切勿使用化學染色的彩石。（非必要步驟，鋪裝飾土可依個人喜好而定）

8. 換好盆的植株放置在明亮通風處，這個時候根系還未能吸收水分，切記不能擺在日照直曬處，否則植物容易缺水而死亡。

9. 約三天後，於夜間或是清晨用噴水器將介質表面噴濕，讓土壤微濕可以引誘植株長根。

視不同環境而定，約七天左右輕輕將植物往上提，若有種附著感，代表新長出來的根系已經抓住介質，可以開始吸收水分跟輸送養分了。

10.

將植栽移至日照充足、通風良好的地方，以七天澆水一次的週期來正常管理。（百合科多肉植物應放置散光、通風處避免直曬）

11.

註：

緩效顆粒肥

顆粒狀且質地較硬，不容易因為澆水或者跟空氣、陽光接觸而迅速崩解。適合不太需要肥料的多肉植物。每次澆水即緩慢的釋放養分，不像一般有機肥快速崩解而容易造成多肉植物產生肥傷。

開根粉

主要含有石灰、抗菌與生長素的成分。當多肉植物進行扦插或換盆移植時，塗抹於莖部截斷面及受損的根系，可減少發霉的問題，亦可殺菌，提高植株長出新根系的機率。

3. 用對的方法照顧它們：新手會做錯的七件事

了解每一棵植物的個性，嘗試與它們互動吧

　　換上新的介質後，就可以展開一段與多肉植物的微小旅程。過程中的每一個停靠站，如果多花一點時間觀察，你將越來越瞭解它們，也會發現一些從未想像過的驚奇——來自於植物自然而然所呈現的美麗姿態。於是，「善待植物」成了這趟旅程最重要的一件事了。

　　在學習如何與植物相處時，由於一般人對園藝都有根深蒂固的刻板認知，或者還未清楚地掌握其生長特性，不小心就會做出不正確的判斷及處理。這邊彙整了新手在照顧多肉植物可能會做錯的七件事：

1. 澆水強迫症

剛接觸多肉植物、特別是有種植其他草木本植物經驗的人，常常為了延續綠手指的美名，抑或想要徹底擺脫植物殺手的封號，會刻意在澆水這件事上使盡全力。

一般植物約一至兩天就得澆水一次，但別忘了多肉植物原生地的環境，還有不斷進化再進化的根莖葉儲水構造。當我們將之種植於小小盆栽內，雖然侷限了它們吸收水的分量，但大多數植株體內的水分足以應付最多七天不給水的狀態（特別疏水的介質及連續強烈日照例外）。

所以，每天欣賞這些葉片肥厚、造型奇特的多肉植物們，很多人都會產生「好想多給水讓它們快快長大」、「好害怕它們會缺水而乾死喔」的念頭，記得，這些都是錯誤的想法。千萬克制住不自覺就想要澆水的衝動，否則過於頻繁給水，反而會帶給多肉植物多餘的負擔與風險。

別忘了，它們通常都是相當耐旱的植物，給水週期與一般花草植物不同

2. 澆水恐懼症

相對於把多肉植物當成一般花草、按三餐澆水的新手，有些人則是極度害怕給水。光是盯著這些植物們，腦海裡就會一直浮現：「喔，對！它們是生長在荒涼乾旱的沙漠地帶，不能澆太多水，甚至不用澆水就可以活了。」於是，每次給水都是一點一點、小心翼翼地將幾滴水滴在介質的表面。

當然，這也是一個錯誤的觀念。

若害怕給水給得太多、只是偶爾維持介質表面濕潤，通常會有兩個問題：一是比起其他植物，雖然多肉植物的澆水週期可以拉得較長，但當它們無法吸收到應有的水分時便會漸漸枯萎。二則是濕氣只維持在介質裡面，無法順利排出，假使加上環境悶熱，多肉植物的根部就容易悶濕而開始腐爛。

所以正確的澆水方式，應以「澆透」為原則，即每一次給水，水都要從盆器的底孔流出，才算一次完整的澆水。另外，澆完水的植栽，盡可能放置在通風良好的地方，讓介質可以快速風乾。因為只要多肉植物的根系久泡在濕潤的土壤，就會提高植株生病的機率。

澆水沒澆透，反而造成介質悶濕，多肉植物的根系便容易腐敗

3. 使用沒有底孔的盆器

有的人喜歡利用生活周遭一些漂亮的容器來種植多肉植物，可能是一個馬克杯，鐵罐或是木盒等。這樣的想法的確很有意思，而且可以就它們的外形找到比例合適、又有創意的盆器。可是通常這些容器都沒有排水的底孔，每次給水，就會積水在盆底。

即便是市售的花器，還是可能買到一些沒有排水底孔的。或許它的造型、顏色、質感各方面讓你非常喜歡、總覺得不拿來種多肉植物很可惜，但這類盆器就連一般花草植物都不適合了，更別說拿來種介質需要通透性良好的多肉植物。

不過，假使你真的想這麼做，也許可以嘗試用電鑽加上特殊鑽頭在底部打洞。畢竟，用巧思來幫植物找個合適而你也喜愛的盆器，會讓栽種的過程添加更多意想不到的樂趣！

沒有底孔的盆器，水分無法排出，介質長時間濕潤，對於需水性
不高的多肉植物無疑是一大致命傷

多肉植物的氣孔在白天會關閉，給水反倒造成植株負擔

4. 白天澆水

　　找到理想的澆水週期，是一件相當重要的事情。除此之外，有一點經常被大家忽略，那便是澆水的時間。也就是一天當中，到底哪一個時段適合澆水呢？

　　從早上到夜晚，並不是時時刻刻都適合幫多肉植物們澆水。因為它們多數屬於 CAM 型植物，所以日間氣孔閉合，夜晚才會打開；在閉合狀態下澆水，就好像在強迫它們喝水，根部輸送水分的運作不會順利進行。

　　所以建議是在傍晚過後，溫度稍降的夜晚，此時根莖葉的氣孔均已打開，有利吸收水分。這個時候澆水也有一個好處，假使白天溫度過高，導致介質悶熱，藉由澆透的方式帶出盆內的高溫，可加強土壤之間的透氣性，也確保植株根系的健康。

　　切記，千萬不要在大太陽底下幫它們澆水，因為除了無法正常吸收水分外，溫度若一直維持偏高，水分浸入介質中，容易讓根部處於悶濕的狀態、增加感染病菌的風險。

5. 盆器下方放水盤

　　大部分在自家種植花花草草的人，都會習慣在盆器底部放個水盤，原因不外乎是讓多餘水分從底孔流出而裝盛在盤中，以為這樣植物可以隨時補充水分、也不至於任意流出。

　　之所以不建議這麼做的理由有兩個：積水會阻隔空氣在介質中流動，使得介質的透氣性降低。另一個則是介質在不透氣的狀況下，不斷吸收底盤多餘的水分，會使之長時間維持著濕潤，對於本身已具備儲水機制的多肉植物來說，也是一大負擔。

盆器底部放置水盤，雖然可以保持潔淨，但積水卻造成介質透氣性變差

許多人會將植栽放置室內，但絕大多數的植物都需要陽光，只要用對方法，即可解決植栽擺放室內會面臨到的問題了

6. 完全放置室內

「我會把它們擺在辦公桌上或是房間內，因為太可愛了，想要一直盯著它們看！」

這是絕大多數人在購買多肉植物時的想法，即便他們可能非常了解其特性，可每每看到這些造型奇特、不太像是生長在地球上的物種時，內心仍會有想將它們種植在室內、供自己隨時欣賞的念頭。

而且，當居住的形式越來越密集，也就代表著我們已經越來越遠離日光處；想要種植植物，卻無奈於沒有充分日照的地方可以好好照顧它們，最後只能在有限的條件下，將它們往室內擺。

但我們還是必須明白一件事：這世界上沒有完全不需要陽光的植物，只是日照多或少的問題而已。

如果真的喜歡它們，也沒有整天可以曬太陽的地方來種植，是不是就等於直接放棄這項栽種的樂趣呢？

當然不！只要調整一下照顧的模式，還是能在室內欣賞這些多肉植物生長時的千變萬化。以下列出幾種方法：

a. 假使一次種植兩盆以上，可以將部分擺在室內，
　 其餘的則放在通風日照處。一個禮拜後對調。

b. 只有一盆多肉植物時，記得拿至陽臺或任何曬得
　 到太陽且不悶熱的地方。一個禮拜至少三天。

c. 如果你比較幸運，陽光可曬進室內，請把它們放
　 在窗臺，並在高溫的下午將窗戶打開，使之透透
　 氣。

d. 有陽光照射的室內，卻無法打開窗戶，可將它們
　 置於室內的日照處，延長一倍的澆水時間，例如
　 一週一次改為兩週一次，且盡量保持室內空氣循
　 環良好。

　　總之，多肉植栽擺放室內不是不可行，可以用一
種想盡辦法也得爭取更多日照的方式來照顧它們，
一旦有了日照，它們便是適應力很強的植物喔！

請利用不同的方法，來替多肉們爭取更多的日照

7. 不同科的品種種植在同一個盆器

種植多肉植物一段時間後，也許有人開始試圖將不同的品種種在同一個盆器中，也就是所謂的「組合盆栽」。當然，這樣做絕對是充滿更多種植的樂趣及巧思，盆器此時就像一座小小的花園，綻放著層次不一的豔麗與優雅。

只是，這類的組合盆栽最常見的問題是，盆器中有些長得很好，有些卻漸漸失色。根本的原因來自於，它們在分類上不見得都屬於同一個科別，以至於照顧起來有很大的差異；倘若一直將這類的盆栽放置在固定位置、使用同一種方式來對待它們，必定會造成部分植物得不到妥當的照料而枯萎。

例如多肉植物中的景天科，是一類大部分需要充足日照的植物，而多數百合科則適合放在散光陰涼處，兩者對於水的需求也不盡相同。但剛剛接觸組合盆栽的朋友，時常把這兩科栽種在一起，個別的生長特性完全不同，卻用相同的照顧方式，致使植株變得不健康甚至死亡。

因此，必須多花一些功夫來了解它們的科別及特性。把同一科的植物放在同一盆器，它們所需要的陽光、水分會比較接近，植株便能健康生長。

當植物得到應有的對待時，觀察它們每一個階段所產生的微妙變化，都會與我們內在心靈有了某些層面的連結或共鳴。日常生活中與植栽們的小旅行，跟它們對話，也像是跟自己對話一樣。

組合盆栽是一種創意，但更重要的是，把同科同屬的品種種在一起，植株才能長得好

4. 你一定要收集！百種多肉植物圖鑑

景天科蓮花掌屬的黑法師，葉片較薄，須特別留意種植
環境的通風

照顧方針與符號說明

以科別作為通則，並用一週時間為單位。

☀ 陽光：最多五個符號。一個符號代表一週曬一天的太陽；四
個符號即代表可放置室內（三天）、外（四天）交換管理；
五個符號建議一週至少五天以上的全日照。

≈ 空氣：最多五個符號。一個符號代表可置於較不通風的環境
下種植 ；三個符號表示植株可放在室內或半戶外，且通風的
地方種植；五個符號為需要空氣流通良好且不悶熱的地方照
顧。

💧 水分：以多肉植物的照顧通則而定，均為一個符號，代表一
週澆透水一次。

大戟科 Euphorbiaceae

外形特性

其主根、莖、葉受到傷害時，傷口會流出白色汁液，並具毒性。部分品種的枝幹上帶有刺，常會與仙人掌科混淆，可用白色汁液或刺座上有無細毛來加以分辨：大戟科的刺座沒有細毛。

照料方法

比起其他科屬品種，本科更能適應臺灣的環境，除了少部分品種較怕濕悶，須特別留意。夏季是它們的生長季，喜歡溫暖通風，冬天低溫時生長緩慢甚至停止生長、進入休眠期，但臺灣氣候並沒有明顯的寒冬，因此仍可維持正常澆水。

生長季可多施肥促進生長，以及充足日照會使植株更加穩健。特別注意，大戟科一旦有傷口要盡量避免碰觸到水，以免植株造成細菌感染。

陽光　☀☀☀☀☀
空氣　≈≈≈
水分　💧

春峰錦 Euphorbia lactea f. variegata f. cristata

大戟屬

為帝錦的變異種，生長點呈紅色點狀排序整齊。喜愛強烈日照，日照充足的話，會長得很快。造型像山一樣層層疊疊，相當獨特。偶爾會出現由白轉黃的現象，跟日照量有直接的關係。是相當耐旱且觀賞價值極高的品種。

柳葉麒麟 Euphorbia hedyotoides

大戟屬

姿態與造型完全顛覆一般人對多肉植物的想像，細細長長的葉子配上優雅的枝幹，相當具有盆景的效果。此品種若為實生，莖部下方會呈現較為粗大的造型，也是欣賞的特色之一。需要的水分比較多，可放置室內較長的時間。

珊瑚大戟 Euphorbia leucodendron

大戟屬

像是珊瑚一樣的造型，所以有了這樣的名字。線性生長，容易分枝長側芽。全日照環境下，植株生長快且健康。若光線不足，此品種容易越長越細，姿態呈彎曲傾斜貌。會開黃色小花，但不明顯。為市場上較易購得的品種之一。

紅珊瑚 Euphorbia tirucalli firesticks

大戟屬

姿態與珊瑚大戟及綠珊瑚相似，都為直線生長的品種。極度需要日照，抗旱性較高。屬於夏天生長型，冬天微微休眠，生長較不明顯。若遇日夜溫差大，末端呈紅色，為此品種最大的特色。

將軍閣 Monadenium ritchiei varieg

翡翠塔屬

莖部呈肥壯貌，表面有綠色線條的斑紋。一球一球的生長頗具特色。植株高度肉質化，所以莖部儲存較多水分，耐旱性也高，若室內通風良好，可放置室內一段較長的時間。日曬充足，表面紋路越明顯。開桃紅色筒狀花。

彩葉麒麟 Euphorbia francoisii

大戟屬

同一植株的葉片在四季皆會有不同顏色的轉變。莖部肥厚，以匍匐水平式緩慢生長，姿態容易傾向某一邊，較難長成向上的型態。

無刺麒麟花 Euphorbia milli

大戟屬

為常見的大戟科品種之一。一般麒麟花枝幹上帶有刺，此品種經改良過後枝幹無刺。適合擺放在較少日照的地方，以延長澆水的方式來照顧。屬夏天生長型，開紅色小花。冬天日夜溫差大，葉片容易掉落，或末端變成黃橘色。

筒葉麒麟 Euphorbia cylindrifolia

大戟屬

葉形獨特，成細筒狀，姿態為匍匐向外及向下生長，具有盆景之欣賞價值。置於戶外日照充足處種植為佳，亦可放在日光較微弱的室內。相當耐旱，可最多兩週不給水，是一生長極度緩慢的品種。

貴青玉 Euphorbia meloformis

大戟屬

呈球體狀的大戟科多肉植物，植株表面帶有橫向波浪狀條紋，若日照足夠，紋路便深且明顯。開黃色小花，花莖長。花謝後，莖會硬化，像是從植株上端長出的微小樹幹一樣，為其特色。是大戟科裡高度肉質化的品種之一。

聖皺葉麒麟 Euphorbia Capsaintemariensis

大戟屬

此品種的最大特色是葉子呈現細微皺褶如波浪狀，開黃色小花，為典型大戟科的花序樣態。適合全日照，亦可擺放在室內窗邊照顧。觀察莖部，
若有明顯凹陷紋路，即代表缺水。

銀角珊瑚 Euphorbia stenoclada

大戟屬

為市面上常見的大戟科品種，耐旱且不怕熱，夏天生長型。植株造型彷彿鹿角般，並在末端帶有黃色粉末。冬天日照充足、夜晚溫度又低時，末端粉末變成金黃色。若空間足夠，可種植於大盆器或是地植，是一株高大像樹的品種。

羅氏麒麟 Euphorbia rossii

大戟屬

此品種最大特色在於細長的葉片，夏季生長時，植株幾乎被葉子覆蓋，感覺毛茸茸，生長速度非常緩慢。冬天若遇寒流，葉片容易掉光，剩下
白銀色的莖部，宛如老樹般的蒼勁，亦是另一種欣賞價值。開紅色小花，花的造型與多數大戟科較為不同。

蘋果大戟 Euphorbia bongolavensis

大戟屬

較少見的大戟科品種，植株葉呈橢圓尖形，葉與莖的連結處為紅色。單就外形判斷，很難聯想到多肉植物。需要的水分較多，亦可擺放在較為陰涼的地方種植。冬天休眠期會有落葉的現象。

仙人掌科 Cactaceae

外形特性

仙人掌品種繁多，生長形態相當多元，有生長成巨木狀像棵大樹一樣，有如掌上明珠般的迷你袖珍型態，也有圓球狀、扁葉姿態、柱狀型等。刺座有細毛，此特徵可與大戟科帶刺的品種做出區別。不過，仍有些仙人掌並沒有刺。

照料方法

屬於耐高溫、耐旱且喜歡溫差大的環境，冬天時限制澆水，而炎夏時節要留意梅雨季，避免雨淋或環境過於悶濕。夏天為生長季。

陽光　☀ ☀ ☀ ☀ ☀

空氣　≈ ≈ ≈

水分　💧

二花丸 Mammillaria dixanthocentron Backeb. et Mottram

銀毛球屬

植株帶尖銳硬刺，莖部顏色終年常綠。生長點容易以二分法向上生長，為其特色之一。夏天生長時，可多日照，冬天休眠期，減少給水次數，並擺放在空氣濕度較低的環境下照顧。

明日香姬 Mammillaria 'Arizona Snowcap'

銀毛球屬
短硬刺型仙人掌，植株全株覆蓋白色短刺，易呈群生姿態，像是一座又一座覆蓋白雪的小山丘，相當具有觀賞價值。

松露玉 Blossfeldia liliputana

松露玉屬

屬於仙人掌科裡最小的品種，莖部沒有尖狀的刺。生長極為緩慢，可以用嫁接方式加速生長，使其呈群生姿態。特別留意，此品種因原生地為石頭縫隙或岩壁之間，所以不需要太多的日照，也不能過度乾燥。可用悶養的方式照顧。

長刺武藏野 Tephrocactus articulatus var. papyracanthus

灰球掌屬

植株莖部呈灰綠色，一節一節橢圓球狀向上生長，屬小型品種。刺的表現相當特殊，長形薄刺偏軟，用手撫摸不太容易被刺傷。因根系短小，所以可使用較小的盆器種植。喜好全日照、陽光充足的地方，植株莖部容易變成紫灰色。張狂的外形，相當引人注目。

帝王龍 Ortegocactus macdougallii

矮疣球屬

小型品種，植株為球狀或柱狀，顏色偏淺綠色，帶黑色短硬刺。此品種較為稀少，且生長較慢，可用嫁接方式使其快速生長。建議種植在日照充足且通風良好的地方。若濕度過高，通風又不良，植株表面容易出現黃橘色的鏽色斑。

豹頭 Eriosyce napina

極光球屬

生長不算快速的品種,喜好陽光充足的地方,若日光不足,植株莖部呈暗綠色;日照量充足的話,植株莖部為深紫色。黑色長硬刺,外表恰如其名,帶著生猛剛毅的形象,卻開出相當大朵的黃橘色花朵。花與植株形成強烈的對比。

菊水 **Strombocactus disciformis**

菊水屬

莖部表面有如魚鱗狀排列的突出疣粒，帶有尖長白刺，刺的末端為深咖啡色。屬於小型品種，可用嫁接方式生長。原生地為墨西哥，因過度採集，現已列為 CITES 保護之中。

猿戀葦 Rhipsalis salicornioides

絲葦屬

屬雨林型仙人掌，故可於耐陰且濕度較高的環境下種植。一小節一小節的莖部，像是倒過來的可樂玻璃瓶，所以也有人稱為「可樂瓶仙人掌」。
植株姿態容易呈現長形下垂樣，可以採吊掛方式栽種。莖部刺微小不明顯，開鮮黃色小花，頗具欣賞價值。

錦翁玉 Parodia chrysanthion

錦繡玉屬

球體狀植株，表面有規則突出疣粒，莖部帶長細刺，頂部布滿細長白毛，開黃色花朵。屬高度肉質化的仙人掌，所以較為耐旱，可置於有日光照進來的窗邊種植。冬季留意勿施予過多水分，休眠期採限水式照顧。

龍神木綴化 Myrtillocactus geometrizans 'cristata'

龍神柱屬

為龍神木仙人掌變異種，生長點規則排序呈片狀。莖部終年常綠，表層帶有一層白色粉末、黑色堅硬短刺，若日照充足，刺的末端呈紅色。屬向上生長的姿態，綴化龍神木像是雕塑品一樣，顛覆一般人對植物的想像，具有相當高的收藏價值。

櫛極丸 **Uebelmannia pectinifera**

尤伯球屬

外形像是皇冠般，具有多個稜角，所以也有「皇冠仙人掌」之稱。植株顏色在夏季生長時為深綠色，冬季休眠期轉為深紫色。莖部稜角突出處帶有黑色硬短刺，但因為刺較細，因此用手觸摸時較不易被刺傷。

魔雲 Melocactus matanzanus

花座球屬

植株為球狀體，莖部有八至九個稜角突出，上面布滿白色弧狀硬刺，刺的末端為深咖啡色。頂端為植株的花座，亦是開花的地方。因滿是橘紅色的毛，且隨著時間不斷增高，相當獨特，並具有觀賞價值。耐旱型，喜歡強烈日照。

鸞鳳玉 Astrophytum myriostigma

星球屬

像是星星一樣的造型，植株通常有三至九個突出的稜角，莖部表面並無刺，只有細細如斑點的毛。喜歡日照充足的環境下生長，若日照不足，莖部容易凹陷或呈現歪斜的現象。開花時，從頂端長出花苞，開黃色的花朵。

百合科 Liliaceae
外形特性

百合科分成硬葉系跟軟葉系，大部分植株葉片具有窗的構造，如同水晶狀，能大量吸收光線。日照強烈會導致曬傷，因此本科植物在原生地，幾乎都生長於能躲避過多光照的岩壁或砂礫堆中。

照料方法

春秋冬為生長季。它們不太需要全日照的環境，通常喜歡在半遮蔽的光線下生長。夏日時，須留意是否通風以免悶熱、造成根系腐爛。

陽光 ☀

空氣 ≋ ≋ ≋

水分 💧

玉露 Haworthia cooperi v. pilifera f. truncata

鷹爪草屬

肥厚圓滾滾的葉片，呈中心點向外放射狀生長，葉片上端如同透明水滴一般，稱之為「窗」，具有綠色線條紋路。窗是容易聚光之構造，要避免烈日光照。喜歡通風涼爽環境，當生長季水分充足時，水晶狀的窗會非常飽滿，相當可愛迷人。

白星龍 Gasteria verrucosa

厚舌草屬

葉片上布滿了許多白色斑點，葉長薄扁狀，成株之前葉兩兩對生，待成株後葉開始旋轉，陽光強烈照射葉片會呈現紅褐色，可在弱光下照顧。

星之林 Haworthia reinwardtii var. archibaldiae

鷹爪草屬

屬於小型種，生長緩慢，葉片有白色斑點與細短線條，劍形的葉片螺旋式一層一層向上生長，如同塔形的柱狀植物，有些植株會因日照充足而葉端轉紅色。

萬象 Haworthia maughanii

鷹爪草屬

肥厚的肉質葉片，呈圓柱狀向上放射生長，葉色翠綠，直到葉的末端呈水晶透明狀，稱之為窗。生長極為緩慢之品種，夏季為半休眠狀態，必須控制澆水，採遮蔭環境下照顧，如光線太強烈，會使得葉片生長不良。屬於相當珍貴的品種。

群牛 Gasteria 'Blackboy'

厚舌草屬

別名為黑童，是交配之品種，屬於強健種、相當好照顧，葉片肥厚飽滿，葉色深綠，葉序螺旋狀生長，葉面上有稜面紋，容易長出側芽成為叢生狀態。

綠玉扇 Haworthia truncata 'Lime Green'

鷹爪草屬

葉序生長為對生型態，如同扇子形狀般，葉片肥厚呈翠綠色，葉末端呈水晶透明斷面。此為交配品種，易生側芽，成為叢生狀態，採遮蔭方式
或弱光下照顧，避免強烈陽光照射。

龍山 Aloe brevifolia

蘆薈屬

原是百合科蘆薈屬，後來將之分離出來，成為新的一科來分類，稱為蘆薈科。葉片緊密紮實的生長在不明顯矮莖幹上，葉片粉白綠色，葉緣鋸齒狀，葉背中間會有白色齒狀的刺。是容易叢生好照顧的品種。

捲葉油點百合 Drimiopsis sp. nova

油點百合屬

植株矮小屬小型品種，莖球根型的多肉植物，細長捲曲的綠葉從莖球中心生長，葉緣為波浪狀。球莖成株後會在周圍再長出小球莖，可將穩定的球根植株分開繁殖。

胡椒科 Piperaceae

外形特性

　　此科以椒草屬居多，椒草的特色為開花時呈條狀向上生長，如稻穗般的穗狀花序。仔細觀看葉片構造，也如百合科部分植物一樣具有透明的窗。

照料方法

　　屬於不耐低溫，喜歡溫暖乾燥的氣候，怕濕悶環境。春、秋、冬季是生長時期，需要的澆水量比一般多肉植物更多些，因此排水性就相當重要，要避免積水導致爛根。夏季高溫休眠期，則需要限制澆水並放置於通風、半遮蔽的環境為佳。

陽光　☀☀☀☀

空氣　≈≈≈

水分　💧

仙城莉椒草 **Peperomia Cactusville**

草胡椒屬

屬於小型品種，莖幹直立，葉半月形十字對生，全年常綠，葉面則呈現肉質透明狀。繁殖以枝條扦插，頂芽切除後容易長出側芽。夏季高溫會進入休眠，此時期須控制澆水與保持通風的環境。

斧葉椒草 Peperomia dolabriformis

草胡椒屬

因葉形如同斧頭刀刃般形狀而稱之為斧葉，葉片終年全綠，葉子上緣有一條透明線狀，繁殖可用修剪後的枝幹扦插。日照充足葉片會由翠綠轉
成綠黃色，葉片生長也會更緊密紮實。

紅蘋果椒草 Peperomia rubella

草胡椒屬

葉片薄而扁長，葉面中間凹入彎曲狀，葉背呈現紅褐色是主要特徵，新長出的嫩芽枝條為綠色，但粗老枝幹則轉為紅色。分枝性佳，枝葉容易生長密集，加上葉色的艷紅，非常具有觀賞價值。

細葉椒草 Peperomia ferreyrae

草胡椒屬

也稱刀葉或柳葉椒草，與斧葉椒草易混淆，可從葉子形狀與莖幹仔細分辨，細葉椒草的葉片較為細長條形，葉面凹入處呈半透明狀，葉片輪生，莖幹與斧葉椒草相比，較為纖細些。

馬齒莧科 Portulacaceae
外形特性

　　此科為臺灣很常見的肉質草本，或小型灌木如雲葉古木、雅樂之舞，大部分品種具有匍匐性的生長形式。

照料方法

陽光 ☀ ☀ ☀ ☀
空氣 ≈ ≈ ≈
水分 💧

　　主要生長季為夏天，喜歡溫暖的氣候環境，因此在臺灣沒有明顯的休眠期，唯有在冬天寒流時需要注意溫度，生長變緩，低溫時要限制澆水來避免凍傷。

白法師 Portulacaria poellnitziana

馬齒莧屬

夏型種，屬於非常強健品種，細長的枝幹上長著細小長形的綠色葉子，並夾帶著雪白絨毛。生長速度快，可充分給水，開出小白花後會有細小黑色種子，自行彈出後容易繁殖，非常好栽培。

茶笠 Anacampseros crinita

回歡草屬

葉子像一顆小圓球，很密集的生長在枝幹上，看起來就是布滿小綠球的棍棒，或像串葡萄一樣。在葉子間隙中會長出許多捲曲的白毛，看起來小巧可愛。

雅樂之舞錦 Portulacaria afra Foliis variegate

馬齒莧樹屬

另有人稱之為銀杏木錦，雖然是出錦之突變種，但相對是好照顧的品種。葉子圓扁形，顏色帶有白黃色、綠色、葉緣紅邊，分枝性佳，所以容易生長成一群茂盛的狀態。枝幹看似木質堅硬，卻是細軟脆弱，因此有人會因此特性，以鋁線來雕塑枝幹造型。

雲葉古木 Portulacaria molokiniensis

馬齒莧樹屬

顧名思義是枝幹看起來宛如古老樹木的樣貌，頂部的葉片像是朵朵層雲般的造型。植株姿態是向上直立型的，生長快速，分枝性佳，修剪過後容易長出許多側芽，下半部葉片容易老化代謝，是正常現象。

景天科 Crassulaceae

外形特性

為葉片排序具多樣變化的科屬。像是蓮座的葉形常讓人誤以為是花朵,其顏色轉變則最為醒目——因溫差高、光線足夠,而產生葉片色素的變化,如冬季時,葉片的綠色素容易轉變為黃紅等色澤。這是多肉植物的保護機制,卻也是觀賞本科的重點之一。

照料方法

目前臺灣常見的景天科都需要充足的光線,品種分冬型種與夏型種;冬型種喜歡冷涼的氣候,忌高溫濕悶的環境,夏季休眠時要限制澆水量,並且給予半遮蔽環境。

夏型種則較適應臺灣的氣候,喜溫暖也沒有明顯的休眠期,但低溫期生長變得緩慢。澆水時盡量避開葉面,因為日光照射在有水珠的葉片容易發生日燒現象,使葉片灼傷。冬天採全日照栽培,夏季則給予 50％遮光率的環境較佳。

但在臺灣的生長季,以秋冬為主。

陽光　☀☀☀☀☀
空氣　≈≈≈≈≈
水分　💧

八千代 **Sedum allantoides var**

景天屬

外觀上容易樹形化，葉片如香蕉般的造型小巧可愛，平常葉子呈翠綠色，進入秋冬生長季，若日夜溫差大，末端會從綠色轉為黃橘色。此品種易與乙女心等相混淆，外觀頗為相似，判別的方式為：八千代葉子較為細長且呈圓尖狀，葉子上的粉末也較不明顯。

久米里 **Echeveria spectabilis**

擬石蓮屬

葉片呈蓮狀，秋冬春三季生長，生長速度快。日照充足的狀態下，葉緣會泛紅。比起其他景天科，此品種樹形化、木質化較快。

女王花笠 Echeveria cv. 'Meridian'

擬石蓮屬

姿態上因為葉片寬大，且葉緣呈現波浪狀，所以容易有霸氣及張力的視覺效果。葉色上的表現，是由褐綠至紫紅都在同一葉片。屬中大型種，觀賞價值極高。

小人之祭 Aeonium sedifolium

蓮花掌屬

小型品種，分枝性高，容易呈叢生狀，造型像棵小樹一樣迷人。分圓葉與扁葉品種。夏天休眠時，葉片呈深褐色，且極為怕悶熱，進入秋冬生長季時，葉片轉為綠色。

日蓮之盃 Kalanchoe nyikae

伽藍菜屬

具有特殊的姿態，葉片為兩兩對生向上生長，每片葉子宛如湯匙般，日照越充足，凹陷越明顯。此品種盡量避免雨淋，若葉片積水，容易因強光照射而造成日燒的現象。若遇溫差大，植株顏色會由紫綠轉為金黃色。

月光兔 Kalanchoe tomentosa x Kalanchoe dinklagei

伽藍菜屬

屬於好照顧的品種，全年生長。春夏時，生長速度較快，葉子邊緣呈鋸齒狀，若日照充足，葉緣末端會有明顯褐色斑點，光照不足時，則斑點較不明顯。

月兔耳 Kalanchoe tomentosa

伽藍菜屬
葉片像兔子的耳朵，而且上面覆有一層絨毛。不怕曬與熱，為強健種多肉植物。葉片上的絨毛為灰白色，日照充沛的環境下，葉緣末端會有褐色斑點出現。

火祭 Crassula americana cv. 'Flame'

青鎖龍屬

此品種在秋冬進入生長季時，若日夜溫差大且日照充足，葉片容易由綠色轉為全紅，但日照不足時，便會轉回綠色。造型與顏色如同火焰一般，極具魅力。

仙女盃 **Dudleya pulverulenta**

仙女盃屬

薄葉蓮座的外形，葉片上覆著一層厚厚的白粉，如同一朵優雅的白色蓮花。葉子上的粉末一旦被觸碰或被水沖洗，是不會再出現的，只有新長的葉片才會有厚厚的粉末。因此澆水時盡量沿著介質表面，較能維持植株葉片的潔白。

半球乙女心 Crassula brevifolia

青鎖龍屬

植株容易叢生，分枝細小且莖部易木質化，葉子呈半顆卵圓狀葉端較尖，向上十字對生。喜歡涼爽、乾燥且日照充足的環境。葉緣容易泛紅邊，造型非常可愛迷人。

玉稚兒 Crassula arta

青鎖龍屬

圓形厚葉一層包覆一層向上生長，外觀覆著雪白細毛，是小巧精緻品種。屬於冬型種，比起一般品種較不易渡夏，在夏天炎熱時期要限制水分、遮蔭照顧。

白閃冠 Echeveria cv. Bombycina

擬石蓮屬

葉片肉質肥厚且長滿白色絨毛，葉子生長排列為蓮座型態。照顧上，盡量避免雨淋或澆水時避開葉片，絨毛間隙容易積水而有葉傷。

白鳳 Echeveria cv. Hakuhou

擬石蓮屬

屬於中大型品種，葉片的生長像極了一朵蓮花，日夜溫差大且日照充足，葉色從粉綠轉變為泛黃帶點粉紅色，相當夢幻。全年均是生長期，無特別休眠期間，算是好照顧的品種。

旭鶴 Graptoveria 'Fred Ives'

擬石蓮屬

屬於中大型，非常強健好照顧的品種，生長速度快，莖部容易樹形化，葉片顏色為綠中略帶些紫色，冬季溫差大與日照足夠，容易轉變為紫紅色。

京美人 Pchyphytum oviferum 'KYOBIJIN'

厚葉草屬

葉片渾圓肥厚且細長，表層裹著白粉，枝幹粗壯能撐起厚重葉片。日照充足時，葉端會泛粉紅色，看起來非常可愛，討人喜歡。生長緩慢，高度肉質化的多肉植物。

松蟲 Adromischus hemisphaericus

天章屬
屬於小型品種,生長極為緩慢,葉子呈橢圓形、葉端尖狀,葉片終年常綠,略帶些微綠紫色斑點。照顧上忌潮溼悶熱,須通風良好環境。

知更鳥 Crassula arborescens 'blue bird'

青鎖龍屬

植株型態像小型灌木，分枝性佳，扁狀薄葉，葉色終年常綠帶有白粉，葉緣容易泛紅邊。開花時，相當優雅脫俗。

花筏 Echeveria cv HANAIKADA

擬石蓮屬

蓮座狀的葉片帶點紅紫色是主要特色，全年生長無特定休眠期。生長快速且容易樹形化，缺乏光線時，葉色會漸漸轉為綠色，在景天科眾多品種當中，顏色變化非常令人驚豔。

春萌 Sedum ʻAlice Evansʼ

景天屬

葉形為橢圓細長，生長為蓮狀排列，葉子顏色由翠綠至黃綠色，溫差大加上日照足夠，葉尖會發紅。生長速度快又好照顧，如名稱一般，是相當迷人、令人愛不釋手的品種。

秋之霜綴化 Echeveria cv. AKINOSHIMO f. cristata

擬石蓮屬

原名秋之霜，為生長點基因突變之品種，葉子重覆排序規則生長，葉片生長相當密集。特別注意的是，在澆水時應避免淋在葉片上，以免葉片細小間隙積水，容易因悶熱產生病菌感染。

紅邊月影 Echeveria 'Hanatsukiyo'

擬石蓮屬
蓮座狀的粉綠色葉片，蓋著薄薄一層白粉末，容易群生。日照充足時，葉緣會泛起紅色，像是被一條紅線圍住葉子一般，光照不佳則會退回整片粉綠色的狀態，看起來較沒有精神。

晃輝殿 Echeveria 'Spruce Oliver'

擬石蓮屬
景天科中生長相當緩慢的品種之一，屬於小型種。葉片特色是正面呈現綠色，葉背至葉的尖端則整面發紅，葉子上帶點絨毛。小型蓮座的姿態與顏色，看起來相當精緻可愛。

桃之嬌 Echeveria 'Peach Pride'

擬石蓮屬

算是快速且好照顧的品種，幾乎全年生長，無特定休眠期，容易樹形化。葉片在光線充足下，會有玫瑰花朵般的造型，葉色青綠而葉端與葉背轉紅色，觀賞價值很高。

神刀 Crassula falcata

青鎖龍屬

葉片兩兩交錯互生，葉子像把刀子的形狀，植株呈白綠色，需要日照充足的地方。特別留意葉片上會出現如鐵鏽的斑點，此品種容易得銹病，使得植株不健康與觀賞性不高。

神想曲 Adromischus cristatus var. clavifolius

天章屬

植株矮小，生長緩慢的品種，葉片肥厚細長的向上生長，末端有波浪邊緣，葉色全綠。種植時間較長，莖部會樹形化並且布滿氣根，悶熱環境容易掉葉子，須注意環境是否通風。

高砂之翁 Echeveria cv.Takasagono okina

擬石蓮屬

景天科中的大型品種，葉子厚且大片，葉緣呈大波浪狀，外形如同萵苣一般。葉色粉綠帶點粉紅色，樸質又有清新感。

森聖塔 Cotyledon papillaris

銀波錦屬

葉片綠色，葉緣染上紅邊，帶著絨毛。植株容易樹形化，分枝性佳，常見一叢的樣態。照顧上，喜歡通風且光線充足的地方。

筒葉花月 Crassula portulacea f. monstrosa

青鎖龍屬

肥厚的葉子，葉形直筒狀在末端處凹陷，葉綠色，外形像極了史瑞克的耳朵，因此臺灣也有人稱它為史瑞克。葉端凹陷處因會積水，所以盡量避免雨淋，或是澆水時要避開，植株的枝幹粗大，屬於矮灌木的姿態。

紫嘯鶇 Echeveria cv. gibbiflora 'Violescens'

擬石蓮屬
粗壯的樹形化枝幹撐起肥大的紫色葉片，看起來非常夢幻。通常葉色維持在紫色的狀態，除非光線嚴重不足會漸漸轉為綠色，葉片也會變大而不挺，日照充足，從紫色帶點紅色更為顯眼，葉子也會變肥短挺立。

黃金光輝 Echeveria 'Golden Glow'

擬石蓮屬

非常好照顧的品種,適合初學者栽種,當光線不足容易徒長,葉色翠綠,日照充足且溫差大時,葉子就如同名字一般,由綠色轉為黃色帶點紅邊,金黃璀璨,十足美豔。

黑法師 Aeonium arboreum var. atropurpureum

蓮花掌屬

冬型種，怕夏季悶熱潮溼，保持通風環境，須遮蔭限水。休眠時，葉色呈現紫黑色不再生長，甚至逐漸掉葉，直到秋冬後開始生長，葉心慢慢長出綠色嫩葉。生長季時喜歡水分，生長速度快，容易樹形化，分枝性佳。是觀賞性極高的品種。

熊童子 Cotyledon tomentosa

銀波錦屬

葉子肥厚且圓滾滾，毛絨絨的，末端有如熊爪指甲一般。在日夜溫差大且日曬充足時，綠色的葉片在末端尖狀處出現紅褐色的變化，像是熊爪塗上指甲油，肥圓的姿態，十分惹人喜愛。

福耳兔 Kalanchoe eriophylla

伽藍菜屬

也有人稱做白雪姬。葉片披覆著滿滿的白色絨毛，看起來彷彿被雪覆蓋一樣，葉尖會有褐色的斑點，是在兔耳系列中生長較緩慢的品種。怕悶熱潮濕，特別是葉片請盡量避免雨淋。

福娘 Cotyledon orbiculata var. oophylla

銀波錦屬

目前福娘分有許多種，從葉片特徵上來分辨，有長葉福娘、寬葉福娘、達摩福娘等。圖鑑中是長葉福娘，葉細長形，葉面覆滿大量白色粉末，要盡量避免碰觸到葉片，因為粉末掉落就不會再長出來。喜歡陽光充足的環境，葉末端會有紅褐色邊緣，容易樹形化。

舞娘 Cotyledon orbiculata cv.

銀波錦屬

中大型品種，葉片細長扁平且具有絨毛，葉子常年全綠色而末端泛紅邊，顏色對比強烈，分枝性良好，等待長成樹形後，姿態非常高雅。

銀之鈴 Cotyledon 'Pendens'

銀波錦屬

藤蔓型的生長方式，葉子小巧肥圓，與福娘一樣帶有厚厚的白粉，末端是單一的紅色尖爪，像是水滴狀一樣。容易長側芽，生長速度快，如適當修剪，枝幹木質化後，能有樹形的姿態，小巧精緻，非常可愛。

銀紅蓮 Echeveria Ginguren

擬石蓮屬

在景天科蓮座狀的生長姿態中，葉片較小，生長密集，算是小型的品種。葉肥厚，白嫩的葉肌中帶點粉紅的邊緣，日照充足且低溫環境，紅邊會更為明顯，像是美豔花朵一般。

獠牙仙女之舞 Kalanchoe beharensis 'Fang'

伽藍菜屬

屬於大型種多肉植物，仙女之舞的變異種，其特色是葉背會長出像疙瘩一般的突出物。葉面布滿絨毛，葉緣鋸齒狀，強光下葉緣會出現深褐色，
非常強健好照顧。

樹狀石蓮 Echeveria 'Hulemms's Minnie Belle'

擬石蓮屬
非常容易樹形化的品種，枝幹細長，頂端撐起蓮座狀的葉片。低溫強光下，葉片會由綠色轉為紅色，分枝性佳，許多枝幹一起生長，看起來就像是小樹林，相當漂亮。

錦鈴殿 Adromischus cooperi

天章屬

葉片肥厚，具高度肉質化，葉端成波浪狀，葉面上有紫褐色斑點。生長相當緩慢，要小心碰觸葉片，容易因碰撞而使整片葉子脫落。怕悶濕，在夏季高溫時，要限制澆水次數。

霜之鶴 Echeveria pallida

擬石蓮屬

大型的景天科多肉植物。在適合的環境下，葉片可以長到跟手掌一樣大，葉子全年呈翠綠色，強光低溫則會使葉緣有紅邊出現，屬強健品種。

櫻美人 Pachyveria 'Clavata'

厚葉屬
蓮座般的葉子，白嫩中帶點粉紅色，葉片細長肥厚，日照充足加上溫度低會使得葉片轉色、呈粉紫或粉紅色。樹形化的枝幹相當粗壯，撐起蓮座生長的緊密葉片，姿態優雅。

番杏科 Aizoaceae
外形特性

　　此科分為玉型跟枝葉型兩種，葉片主要以成對出現。玉型的植株具高度肉質化，生長型態只剩下成對的肥厚葉片，大部分稱之為石頭玉。枝葉型的葉片也是成對依序滋長，莖部具有明顯的枝幹。

照料方法

　　在臺灣栽培番杏科的難度較高，對它們來說環境也較嚴苛，特別在夏季休眠期，要留意避免雨淋或澆水在葉面上，環境須通風涼爽，介質以透氣排水性高為佳。生長季以秋冬為主。

陽光 ☀️●☀️●☀️
空氣 ≈≈≈
水分 💧

白波 Faucaria bosscheana var. haagei

肉黃菊屬

葉十字對生，具高度肉質化的葉片終年常綠，葉緣有些微的肉齒狀跟白色線條至葉背突起的部分。照顧上須充足日照與通風的環境，夏季高溫會半休眠，要避免強光曝曬。入秋後進入生長季時，給予足夠日照葉片才會長得密實，植株的姿態也會較美觀。

石頭玉 Lithops

生石花屬

極度肉質化的植株，化為只剩上端分裂成一對肥厚葉片的姿態，葉面頂端平坦。在澆水時，盡量避免在分裂處淋水，容易因積水而造成傷害，喜歡乾燥通風的環境。花從分裂的葉片中間長出來，肥肥胖胖的樣貌，十足惹人喜愛。

紫晃星 Trichodiadema densum

仙寶屬

對生的肉質葉片全年常綠，棒狀的葉子尖端有著放射性的白色線毛，葉片密集生長在一起，看起來就像是頂著白色光芒一樣閃耀。成株的植株
具有木質化的粗壯莖幹，矮小的灌木姿態長著翠綠葉片並且頂著滿片光芒，相當迷人。

鯨波 Faucaria bosscheana

肉黃菊屬

葉十字對生，葉片肉質化，葉片肥厚細長，尖端處葉緣有鋸齒狀，日照充足的鋸齒狀呈粉紅色。夏季須給予半遮蔭的通風環境，限水照顧，勿淋水在葉片上，以免腐爛。

菊科 Asteraceae
外形特性

　以枝葉型、匍匐型、藤蔓型及塊根型為主，可說是相當多變的品種；目前臺灣常見以 Senecio 屬居多。

照料方法

　夏季高溫有休眠特性，忌濕悶環境，應放置在半遮光通風涼爽的地方，採取少量澆水來避免根系悶爛。入秋後，天氣開始轉為涼爽就能以正常週期澆水並施加少量肥分。其生長季在臺灣普遍是春天、秋天，若給予充足的日照，會長得更強健。

陽光　☀️☀️☀️☀️

空氣　≈≈≈

水分　💧

七寶樹 Senecio articulatus

千里光屬

夏季會進入半休眠狀態，於春、秋時期生長最快，莖部肉質化，具莖節狀生長特性，葉片呈三爪裂葉，葉全綠，常見有錦斑變異種，葉色轉變有白色、粉紅色等。

天龍 senecio kleinia

千里光屬

屬大型種多肉植物，夏季高溫進入休眠期，葉片會脫落甚至掉光只剩下肉質莖幹的部分，葉片細長葉色全綠。生長季期間，土乾即可澆水，成株後枝幹粗壯木質化，如樹形一般搭配著細緻葉片，姿態非常優雅。

松鉾 senecio barbertonicus

千里光屬

細長翠綠的肉質葉片呈放射狀生長，是菊科當中非常耐旱的品種，與美空鉾相似，但葉色與表面紋路不同，松鉾的莖部枝幹具有明顯的堅硬木質化，可在全日照或是半日照環境下照顧。

美空鉾 Senecio antandroi

千里光屬

屬於生長快速以及強健好照顧的品種，葉片肉質化且呈細長狀放射生長，葉片表面帶有白粉，葉青綠色帶有些微灰藍色調。成株後，莖幹的下半部葉片容易老化代謝脫落，保留上端葉形，如同菊花綻放般的漂亮。

普西莉菊 Senecio mweroensis ssp. saginatus

千里光屬

粗短的肉質莖呈節狀，莖的外皮為綠色或灰綠，身上紋路有著如同鴨子腳印一樣的爪紋，非常逗趣。葉子生長在莖的最上端，葉片不多且細小，容易開花，鮮紅的花朵配上綠色的莖幹，相當搶眼。

藍粉筆 Senecio serpens

千里光屬

外觀與美空鉾非常相似，但細看葉片，具有白色的粉末與灰藍的葉色，葉的頂端在日照充足下會有紅點出現。生長速度在菊科的多肉植物當中算是緩慢的，莖部容易木質化，分枝性佳，生長季可適時的多給予水分，會加快生長。

蘿藦科 Asclepiadaceae

外形特性

　　有菱柱型、藤蔓型。菱柱型品種的莖部具高度肉質化，其中一些會有帶著刺狀的菱緣。分辨本科的方式為開花時的花序與味道：花型以星形為主，色澤濃豔。味道則有些腥臭，以便於吸引昆蟲靠近授粉。

照料方法

　　生長季以春夏為主。屬非常耐旱，適合在溫暖的環境栽種，忌高溫濕悶環境，不耐低溫，寒流時注意保溫及限制澆水。菱柱型品種在剪枝扦插時，要將枝條放置陰涼處晾乾傷口，但須兩週甚至到一個月後，再開始種植會比較安全。

陽光 ☀☀☀☀

空氣 ≈

水分 💧

四方蘿藦 Caralluma speciosa

水牛掌屬

植株姿態為四方的粗壯柱體，高度肉質化的莖幹向上生長，柱體邊角具有齒狀且呈白褐色的邊線。喜歡溫暖乾燥的環境，冬季須注意澆水，怕低溫容易凍傷腐敗。常見為其他親近之特殊品種的嫁接臺木。

修羅道綴化 Huernia macrocarpa

星鐘花屬

屬於小型蘿藦科，為修羅道的變異綴化，肉質莖生長點密集呈片狀不規則扭曲，栽種介質須疏水性高，冬季低溫限水照顧，相當耐旱。

姬牛角 Orbea variegata

牛角屬

屬於小型品種，肉質莖呈四角柱狀，角邊有一節一節的突出尖狀，容易分枝形成叢生狀態。溫差大與日照充足下，終年全綠的莖幹末端會轉變為紅色，胴切扦插相當好繁殖。

麗盃閣 Hoodia gordonii

火地亞屬

生長速度緩慢，花大朵開在莖幹頂端處，莖幹為圓柱狀，枝幹有稜線紋路並且覆滿了尖刺物，莖幹呈綠色微帶點粉綠。

其他

　　雖然照顧多肉植物的方法，可依循三大原則：一個禮拜至少四天全日照、置於通風良好的地方、一週澆透水一次。

　　但也由於多肉植物的品種相當多，同一科裡還分不同的屬別，再加上每個人栽種環境的差異，上述三大原則不見得皆適用。

　　建議徹底了解各品種的特性、環境的條件跟限制，進一步透過介質的調配、澆水週期的建立，為其量身打造一種更適切的照料方法。

卜派酢漿草 Oxalis herrerae

酢漿草科酢漿草屬

植株具有肥大的球莖，外形與一般常見的酢漿草相似，但此品種的莖部為肥厚狀。為多肉植物裡喜歡水分的品種之一，無明顯的生長季或休眠期，喜好日照。冬天若日夜溫差大，葉片顏色會從綠色轉為橘紅。

女王玉櫛 Pachypodium densiflorum

夾竹桃科棒錘樹屬

莖部表面為銀白色，並帶有肉質化的刺，葉片深綠偏長橢圓形。夏季明顯生長，開花時，從莖部抽出很長的花梗，開黃色花朵。冬天落葉休眠，可限制澆水次數。開花時可收種子，用種子實生發芽率高。

山烏龜 Stephania erecta

防已科千金藤屬
植株屬塊根型多肉植物，莖部呈肥圓狀，頂端抽長出葉，葉形像是荷花的葉片。適合半日照下種植，需要的水分也較多，若水分充足，且環境通風良好，葉子生長快速，且具有藤蔓性，會攀附在周遭的環境。

肉莖洋葵 Pelargonium mirabile

牻牛兒苗科天竺葵屬

屬塊根型多肉植物，品種較為稀少。生長緩慢，植株不超過二十公分高。葉片表層帶著細毛並有細長梗連接粗肥的莖部。植株有機線性造型，配上毛絨葉片，具有盆景效果。

香岩桐 Sinn. Tubiflora

苦苣苔科岩桐屬
球莖型多肉植物，莖部肥大，葉片粗糙有細毛略帶肥厚。開花時抽出長梗花序，不管紅花、白花或者粉紅色花朵，通通具有香氣。適合半日照
至全日照的環境下照顧，亦可置於室內窗邊太陽曬得到的地方。

碧雷鼓 Xerosicyos danguyi

葫蘆科沙葫蘆屬

葉片圓形，莖部向上生長，可愛的模樣頗受歡迎。植株生長到一定長度，具有攀附性，像是藤蔓。此品種為耐陰型多肉植物，可置於室內較長的時間。亦可種植於陽光充足的地方，若日照量夠，葉片變得較為肥厚。

龍蝦花 Plectranthus pentheri

唇形科香茶屬
因花的造型像蝦子的姿態而得名。與左手香是近親，葉片有些香氣，帶著絨毛的肉質葉呈十字對生，莖幹容易木質樹形化，分枝性好，姿態相當細緻優雅。

二、療癒是一種互動的過程

竄出盆的千蛇木仙人掌，有著一種溫柔的觸感

1. 多肉植物真的是懶人植物嗎？

當我們開始蒐集關於多肉植物的各項資訊時，不管是在相關網站或實體的園藝店及花市，都容易看到一則標語：「多肉植物是懶人植物，偶爾澆水放著就能活。」對於朝九晚五、忙忙碌碌的現代人而言，這類訊息宛如在沙漠裡望見綠洲。

「我喜歡種些花花草草，可是我太忙也太懶了，想到它們的時候，常常因為沒有及時澆水，才發現早就枯萎了！」相信這是很多上班族想要擁抱綠意、但又卻步的心聲。

因此，多肉植物被冠上「懶人必備」的療癒植物，很多人彷彿找到一絲希望，感覺自己就要擁有綠手指，就算偶爾忘了它們，依舊可以長得好好的──但，真的是如此嗎？

「懶人植物、不需要常澆水、放著就能活」這些描述，若套用在多肉植物的原生地，毫無疑問地完全可以成立。因為原生地日照充足、通風良好、日夜溫差大、雨季短但集中，在這樣的環境下，它們的確能靠著自身的調節機制生存下來。

但當它們飄洋過海來到海島型氣候的臺灣，空氣濕度高加上夏季炎熱，容易產生悶熱感。又或者連續快一個月的梅雨季及不甘示弱的秋老虎，這些都不是它們原本習慣的環境，因此對它們而言，存活是一件相當大的考驗。

如果想要養出一株漂亮的多肉植物，那就得先徹底破除它們是「懶人植物」的迷思：除了澆水不用像一般花草植物那麼頻繁，還必須花更多心思注意

光照量、介質、空氣是否流通等問題。每個人栽種的環境不盡相同，但其生長條件皆有一定的限度與基本通則，而栽種的樂趣，無疑就是使之能夠健康生長。

也應該多去觀察它們每日的變化，慢慢找出與多肉植物相處的節奏，例如，這樣的日光充足嗎？這裡的環境通風嗎？使用的介質排水性良好嗎？適合自己栽種環境的澆水週期是多久？這個過程一點都不能懶怠，因為這是一個雙向的互動：當我們開始學習付出，植物得到妥當的照顧、在理想的環境下生長，它們也終將回饋一些什麼給我們。

左：在合適的環境下用心照料，多肉植物終將展現美麗的樣貌
右：陽光充足的環境下，仙女盃的葉片顯得潔白無暇

2. 為什麼需要被療癒

我們接收那些流動迅速的資訊，享受著物質所帶來的滋養，但快樂似乎永遠到達不了內心的最深處。在日復一日的循環裡，總覺得自己少了什麼，快樂來得特別短暫，走了便留下一個空缺，始終無法填滿。

但當我們兩眼盯著這些造型別異的多肉植物時，只是靜靜觀察，或小心翼翼地幫它們拔除老葉，而意外發現植株長出了新芽……這種種都會讓擾人的雜念、煩惱的事物被拋到九霄雲外。無形之中，我們已經展開與植物們的對話，一種歸於寧靜的對話。

以植生牆作品為人所知的法國植物藝術家派翠克 · 布隆克（Patrick Blanc）認為，一個城市高度發展之時，垂直的建築越來越多，人類的心靈就越疏離自然。但接近自然是人類的天性。所以他利用有限的空間，在垂直的牆面將植物置入，大自然的元素融入建築之中，可以紓緩人在日益緊張的城市所產生的焦慮與不安。

這樣的理論或許不夠親切，那換個說法好了，不管城市或鄉下，為什麼家家戶戶總習慣在自家的門口、陽臺甚至有限的窗臺種上幾盆植物？答案不只是妝點空間這麼簡單而已，更深層的原因還是在於，人終究無法脫離自然太久，畢竟我們本來就屬於自然萬物的一員，所以習以為常地會將自己的生活周遭弄得看起來很「自然」。

家家戶戶都習慣種植植物來妝點門面

或多或少，我們都有一些與自然共處的經驗，想像自己徜徉在一片草原上，瞭望著山與樹和諧的起伏轉折，綠意化成一片巨大的布幕在我們眼前，此時人顯得格外渺小。而面對這樣的畫面，你我總會忍不住發出「啊！這樣好美！這裡好舒服啊！」之類的讚嘆。人的心有一處是與自然連結在一塊的，

每每回到那樣的狀態，便有許多感觸湧上，無法言喻到底是什麼，但內心的感受正說明了我們與自然原本就存在著一種密不可分的關係。

在山的懷抱裡，因為人的渺小，格外有種安全感

　　所以，為什麼望著一片無際的海或天空時，我們會感覺自在而遼闊；面對群山環繞溪水、緩緩流過深谷，我們覺得全身被包覆而有了安全感；工作很煩悶的當下，往往也習慣走到附近的公園坐下來，花草樹隨風搖曳，麻雀鴿子在廣場啄食，剎那間，內心充滿了暢快與舒適；這些皆來自自然環境所給予的擁抱。

　　如果總低著頭滑動生活，老是分享文章與複製貼上，用按「讚」數來衡量人事物的價值，就會漸漸無法體會真實的世界。尤其是制式化的工作彷彿機器般運作，麻痺的知覺使我們忽略了生活中細微的變化。少了探索的動力，也就少了感人的事物。

　　這也是現代人的步伐越來越快速，反而更需要藉助一些小物來療癒、舒緩的緣故。因為這些療癒小物像是暫停鍵一樣，一旦按下了便可在片刻中轉移心境、放鬆心情，而多肉植物順理成章地，被列為人與自然連結的療癒系首選。

時常到森林裡取材，低頭或者抬頭，在自然的狀態裡，處處都是生活的靈感

3. 多肉植栽為療癒小物？

子貓之爪獨特的三爪造型，相當討喜，卻不是容易照顧的品種

越來越多人在辦公桌或起居空間構築出一片自然
風景，植物商品化的熱潮正迎面襲來。於是，除了
在花市、園藝店可以看到蹤影之外，就連百貨公司、
書店商場、文創小店甚至網購平臺都不難發現多肉
植栽在架上販售。

在這波「肉肉風潮」中，多肉植栽因為外形可愛
成了大家捧在手掌心的熱門商品，同時被塑造成具
有療癒的功能。你心中也許會閃過一個問號：植物
是有生命的，能說它們是一件商品嗎？

沒錯，許多人不知不覺把多肉植栽歸在同一個模
子製造出來的產物，卻忘了植物還是有其生命，有
百般姿態、千萬變化的。因此，把它們種在沒有底
孔的盆器、使用成本低的培養土當介質，並且鋪上
夢幻的七彩碎石或浪漫的貝殼沙，擺放在打烊後就
沒了空調的專櫃上。依稀被妝點打理過、實際上卻
是被過度包裝後的多肉植栽，打上了聚光燈，一盆
一盆展示在那些完全背離自然也不適合它們生長的
空間裡。

上：松露玉仙人掌，生長緩慢，像是岩壁縫隙裡的寶石
下：成群的桃之嬌，微小的風景

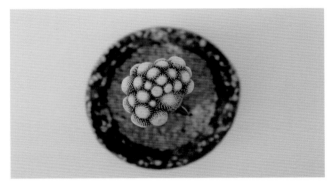

　　除了購買植栽者必須學會照顧植物外，販售的商人也應該考量到它們是否能在友善的環境裡，得到妥善的對待、健康漂亮地生長，而不是一律當成無生命的物品，任其擺著直到失去原有的光彩再替補上新的。

　　正在學習照顧植物的新手，勢必能從過程中慢慢體悟到：人的付出與植物的回報是一種對等關係；我們努力讓人跟人之間平等，卻時常忽略人與物之間也當如此。因此可以從「善待」植物開始，當綠色手指對周遭的人、事、物施了法，和、諧、寧、靜之境就會變得離我們好近好近。

玫瑰武士虎尾蘭的每一個角度都有其獨特的美

4. 療癒為雙向的互動過程

　　提及「療癒」，似乎會跟具備某種療效的「治療」扯上邊，但如今這兩個字，多數用來形容被什麼東西融化了而內心得到放鬆、心情已然舒坦的感受。就像看著擬人化的動物公仔，或是永遠都等著被我們狠狠揍一拳的玩偶，老是在會心一笑後忍不住說出：「太可愛了吧！太欠打了吧！這也太療癒了吧！」

　　而多肉植物，確實足以扮演這樣的角色。當我們妥善照料它們，不管最後是開花結果，或者展露出滿是綠意的姿態，都是生命向上延伸的意象，鼓勵了每一個低靡徘徊的心靈，更給予了照顧者無比的成就感與正向能量。

　　此外，一如園藝治療所強調的：照顧植物的過程，也是何以療癒的關鍵。當你開始在意植物的生長狀態，就會不斷找尋相關且正確的途徑來讓它們長得更好、更健康。這個與之一來一往的歷程，緩和了先前過快的步調，除了看見植物一點一滴的每日新貌，也發現了周遭環境的變遷。於是，我們可以暫時放下煩人的外務，去體會這些細瑣差異所帶來人生的意義，重新檢視生活而逐漸獲得身心的寧靜。

美空鉾向著光來的方向生長，是每一個生命都該具有的特質

可是，這個市場過度地將多肉植栽強打成療癒的
小物，大多數人被各種商業的手法洗腦而無所適從，
總以為買回來的是一盆不太需要照顧的植物，擺在
自己隨時都看得到的地方，可愛的造型宛如那些萌
得爆表的公仔，彷彿不停盯著，腦袋就會徹底放空。

這趟原本充滿療癒的旅程，在尚未結束之前，很
多人便會感到疑惑：「我還是會幫它澆水啊，為什
麼後來變得好醜，沒多久就枯爛了！」答案很簡單，
因為每一個生命體，都需要在合適的地方得到應有
的對待。

等待多肉植物來療癒我們，效果絕對是短暫的，
甚至會看到它們漸漸失去最初的光采而感到悲傷，
這跟我們當初想要借之得到身心舒適恰巧相反。因
此，必須「主動」用對的方式、對等的關係照顧它
們，唯有親自付出，才有可能領略到那種來自內心
深處的回應。

玉露獨特的「窗」構造，充滿水分，晶瑩剔透

三、多肉植栽的形與色

路邊野放的大花犀角

森林中的每一棵樹，記載著歲月與四季流動的痕跡

樹幹的縫隙中，連寄生的形式都是美的呈現

葉薄的小紅楓，光線穿透，映著不同的色彩

分隔島上的龍血樹開花，造型像風鈴，顏色淡雅，
在車來車往中隨風搖曳

大戟科多肉的花序，顛覆我們對一般植物開花的想像

慈光錦蘆薈，像暗夜裡的光芒

入秋後，黑法師痛快的淋雨，急速生長，嶄露霸氣

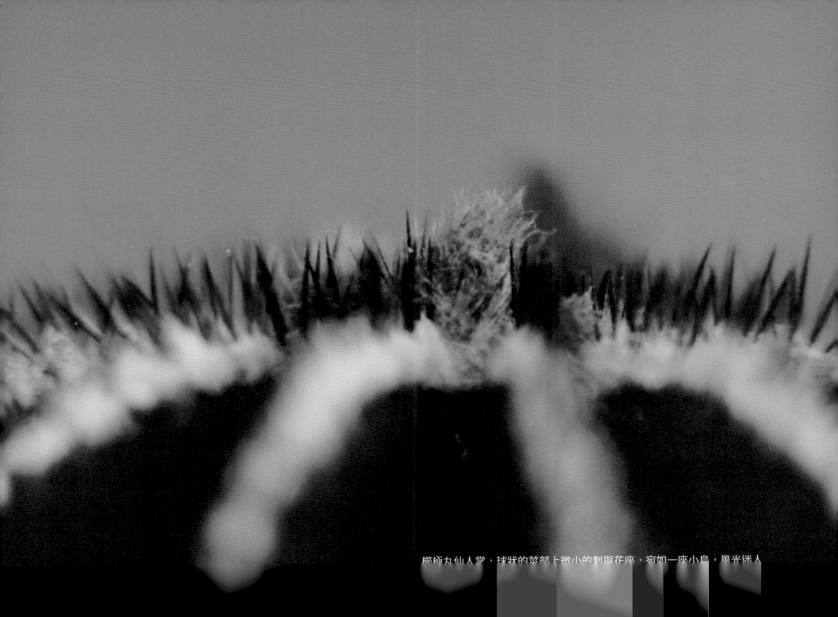

櫛極丸仙人掌，球狀的莖部上微小的刺與花座，宛如一座小島，風光迷人

1. 植物是大自然的藝術品

奇想丸仙人掌在夜裡開出了淡淡香氣的白花

環視你現在身處的空間，延伸至任何一個角落或窗外，都不難發現植物的身影：從小盆栽到一棵大樹，有些是刻意用來妝點、美化我們的生活環境，也有些早待在那裡安靜生長著，於四季更迭發出帶著美意的訊息，時而優雅時而張狂。

因為太習慣它們的存在，所以很少去欣賞其獨一無二的美：落地窗外的日光穿透層層疊疊的九重葛葉子，粉嫩嬌滴地在滿是青苔的老舊磚牆上攀爬；車來車往的馬路旁，阿勃勒開滿了一串又一串耀眼的花朵，彷若被現實遺忘，在一片擁擠喧鬧中緩緩飄下那迷人的黃金雨。

我們慣於將植物與周遭環境融為一體，但假設欣賞之前先「去背」處理一下，所看到的或許是光線透過九重葛葉片，從粉綠到粉紅的漸層變化；阿勃勒除了一看便令人驚豔、掛滿整串的金黃色花朵之外，在溫暖的色調下，樹本身也帶著節點彎曲、線條有力的姿態；嘗試將植物抽離原先的環境，逐一檢視每一個部位，會發現原來它們身上都有一種毫不修飾且與生俱來的自然美感。

只要將這種獨特的魅力，搭配專屬的盆器：從植物的色彩層次、身形體態到盆器的造型、肌理、紋路，每一處都細細研究、相稱，在美學上便有了一體性、成為足以收藏的藝術品。特別是多肉植物，因為奇特外形，與隨著四季溫差變化的色澤，若能找到合適的器皿來襯托之，更能呈現出植物、盆器共享共存的生命力。而這樣的植栽美學，也漸漸脫離我們對一般園藝的想像。

2. 植物的居所：盆器的挑選

蒐集各品種的多肉植物時，一定會遇到該如何選擇盆器的問題。當我們這麼思索的時候，其實腦海裡早有了一些關於植物在不同器皿中開展的美麗畫面；這呈現出來的整體感，也是對於植栽的第一步想像。

至於該怎麼挑揀呢？以下介紹目前市面上，較為常見的五種盆器：

塑膠盆

優點：規格量化價格低。容易在一般園藝資材行購得。若栽種盆數較多，盆形統一較好擺放收納。
　　　盆器輕盈。

缺點：盆器表面不具孔隙，所以排水透氣性差。欠缺美感。日曬時易吸熱。日照久了容易脆化。

素燒盆

優點：盆器表面具有微小孔隙，所以排水透氣性佳。盆體不易吸熱。規格量化尺寸選擇多。

缺點：使用一段時間後容易長青苔，導致排水性變差。無上釉的陶器輕微碰撞容易碎裂。

陶瓷盆

優點：因市場需求與運用層面廣，所以廠商開發出較多造型顏色的款式。

缺點：上釉料燒製，盆器表面不具微小孔隙，所以排水透氣性差。若栽種盆數較多，盆形缺乏統
　　　一性、較難收納擺放。

水泥盆

優點：結構性強，質地堅硬不易破碎。盆器表面具微小孔隙，排水透氣性佳。美感佳。

缺點：太陽日照下容易吸熱。盆器較為笨重。水泥盆原先為強鹼物質，若製作後未泡水養護，種
　　　植時容易傷害植物根部。

磚瓦盆

優點：屬早期磚燒製品，現在大部分的工廠已停產，所以市場上能找到的，幾乎已算古董盆了。
　　　除了磚燒具有良好的透氣性及排水性外，老舊的盆身常常帶有斑駁的美感。

缺點：因已停產，所以市場上不易購得。早期磚燒技術的關係，盆器壁體厚薄不一，加上年代久，
　　　盆器本身容易破碎。

水泥盆器的創作

　　市面上，越來越多與水泥盆搭配的多肉植栽，對比陶瓷或塑膠容器，水泥盆所散發出來樸實粗獷的質地，不管是種植形體張力十足的仙人掌，或是小巧精緻的擬石蓮屬多肉，都有一種相互襯托的美感，十足令人玩味。

　　小山舍喜歡用水泥來創作盆器，原因在於它的可塑性相當高，只要製作好自己想要的盆器模具，就可以調漿跟灌漿，等待一段時間後脫模，完成獨一無二的水泥盆器。其造型比例，絕對是專為植物量身訂做的。

　　大家對水泥的印象，可能會跟工業、建築畫上等號，這樣的素材會傳遞出一種灰冷的調性，而多肉植物的造型、顏色豐富且多變，當這兩者放在一起，彼此融合又相互詮釋，賦予觀賞者一個新的定義。每一次欣賞這樣的水泥盆多肉植栽，總能感到生活的和諧與美好。

3. 手作的溫度：水泥盆器實作

　　有些事物總得親自去做，才能體悟到深藏在裡頭的眉角。就像自己動手去做水泥盆器一樣，一點點比例拿捏的出入，就決定了一個器皿的成功與否，但只要親身嘗試，一定能從中感受雙手的溫暖。

準備好材料，一起製作屬於自己的水泥盆吧！

※ 以長寬高 10 x10 x13cm 之方形水泥盆為範例

材料：

1. 約 9mm 厚的珍珠板

2. 尺

3. 水泥（已加砂調配）

4. 100 號砂紙

5. 大頭針

6. 保麗龍膠

7. 奇異筆

8. 透明膠帶

9. 美工刀

10. 勺子

11. 水桶

12. 尖嘴鉗

1.

Step1

將內外模的造型尺寸用原子筆畫在珍珠板上。

Step2

用美工刀沿線切割取下。

Step3

將切割後的珍珠板,用保麗龍膠以回字形黏著固定。

Step4

以大頭針在各邊及底部加強固定。

Step5

完成內外模後，用透明膠帶封合縫隙及外圍。

Step6

切一小塊珍珠板黏於外模底部中央，作為預留底孔的空間。

Step7

用勺子調配水泥砂漿（水泥：水＝ 2：1）。

Step8

將水泥砂漿灌至外模內約一半高度。

Step9

內模放置外模中央,並加壓至底部。

Step10

透明膠帶十字法固定內外模。

Step11

靜置通風陰涼處兩天,切勿拿到陽光下曝曬,以免造成水
泥漿快速收縮產生龜裂。

Step12

利用美工刀及尖嘴鉗小心的將內模取出。

Step13

以美工刀劃開外模，取出水泥盆器。

Step14

用尖嘴鉗輕戳底部中央，戳破珍珠板使底孔露出。

Step15

以砂紙打磨盆口尖銳處或粗糙面。

Step16

將盆器泡在水中進行養護動作，七天後取出晾乾即可使用。養護可使水泥盆器在水中產生水化反應，目的在於釋放出鹼性物質及強化盆器結構。

水泥盆器作品（染色盆）：

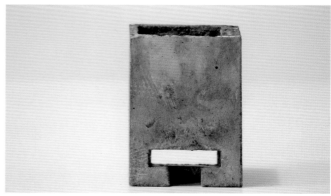

4. 適得其所：植物、盆器的挑選與搭配

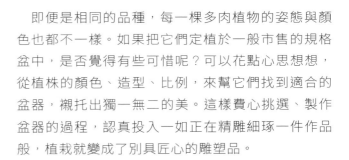

　　即便是相同的品種，每一棵多肉植物的姿態與顏色也都不一樣。如果把它們定植於一般市售的規格盆中，是否覺得有些可惜呢？可以花點心思想想，從植株的顏色、造型、比例，來幫它們找到適合的盆器，襯托出獨一無二的美。這樣費心挑選、製作盆器的過程，認真投入一如正在精雕細琢一件作品般，植栽就變成了別具匠心的雕塑品。

左：木質化長刺天晃種在寬口盆中，突顯古樸老舊感
右：不規則角面盆，定植碧雷鼓，襯托其植物本身具藤性的優雅

多肉植物與水泥盆器的搭配示範：

聖鈹葉麒麟開花與渲染盆中的顏色相互呼應

上：灰階渲染盆搭配姬葉虎尾蘭，帶出植株的張力
下：猿戀葦仙人掌定植於角錐型水泥盆，呈現輕盈與厚重的強烈對比

上：白銀龍的葉與水泥盆的色成了一體性的美
下：般若大戟木質化後的綠，是生機也是強韌

種在素色不規則水泥盆中的青花麗，像是從石頭裂
隙中長出的多肉植物

四、日常生活中的植物觀察

1. 那些一直存在卻被我們忽視的美好

小山舍的夥伴很喜歡用緩慢的方式在山城小鎮裡漫遊，時而騎著單車以微風的速度，時而輕鬆散步帶著微笑的步伐，邊行邊看巷弄裡中藥店的鐵花窗滿是搖曳的植物，或是老舊的農具店屋頂長滿了茁壯的不死鳥。

我們享受也喜愛生活在被群山環抱的埔里，它有許多不譁眾取寵的簡單景致，似乎隨時隨地都不斷提醒著：放慢腳步去欣賞周邊的一切吧。

在每一個與植物相遇的片刻，觀察其深刻的美即化作永恆，儲存在腦內的記憶卡上，連格式化都難以刪除；如果人們不再只是低著頭走路，而是抬頭探索沿途的日常風景，會不會看見更為寬廣的世界呢？

左：斑駁的水泥襯著不死鳥強韌的線條
右：喜歡騎乘單車的節奏，在山左右停看聽

2. 微觀的視野練習

「小」有時代表了無限。

就像我們老愛專注在一些微不足道的地方上，嘗試去蒐集它們帶來的每一次驚喜。或者說，觀看微小的當下會暫時忽略現實中的煩惱，進而產生充沛的滿足感。

於是，你可能會在一個轉角後停留，只因為落日的光線從樹的縫隙篩下來，每一片葉子都彷彿被染了不同顏色，在你的視線裡逐漸暈開；或在一面斑駁的磚牆前駐足，圍牆的頂端布滿青綠色的細細苔草，軟綿綿也很可愛，總會忍不住用手指輕輕觸摸它。

自然界的生物無時無刻變化著，特別是那看似生長緩慢的植物，或許我們都有一些經驗：「哇！一夕之間它開花了！」、「昨天還沒看見，今天就已經長出了好幾個側芽！」

上：像在水泥牆上作畫的青苔
下：瞇著眼睛看，想像草地上露出黃橙色的太陽

生活中那些霸占著我們視野的事物總是過於快速，所以很多微小的地方，即便有絲毫、緩慢的移動也難以察覺。植物特別是如此。可以試著調整自己的視線一如調整相機的焦距，拉近彼此的距離，才能發現每一處、每一刻細膩的變化，都會帶給我們更深層豐富、更寬廣無限的感受。

「一沙一世界，一花一天堂，雙手握無限，剎那即永恆。」就算只是毫不起眼之處，只要用心學習關照，都可以探知到一個復一個完備且迷人的微型世界。

左：金盛丸仙人掌，入冬後，悄悄變了色
右：交配種單刺麒麟，葉子小巧也可愛

3. 大環境與小空間的連結：植物是媒介

為什麼叫「小山舍」？命名其來有自。

「小」如前面所提，是微妙微小之物的無限無朽之處。而「山」是我們仰息的大環境，也可以解釋為整個社會、國家甚至擴大為群山起伏的地球；它屬於「外」。「舍」則代表著我們居住的小空間，是日夜歇宿的屋子，更可縮小範圍為自己的臥房與心室；它屬於「內」。

我們一直在尋找某個東西，可以連結內外之間。

而植栽，就是那個可以聯繫兩者的關鍵。透過那一點綠意，我們看見外面平常不會注意的景色；就像在室內茶几擺上一盆植栽，你為了讓植株得到更多的光照，在打開窗或收起窗簾的時候，瞥見路樹的葉面閃耀著光，遠方眾山的輪廓愈加清晰。

有了植物作為媒介，我們便彷彿身處在自然之中。

左：室內的植栽讓我們注意到戶外的夕陽
右：視野從植栽到窗外，進而看見群山

4. 城市中的採樣

Marco
30 出頭的男子，臺中上班族

與 Marco 的第一次碰面，是在夏日的簡單市集。那天的臺北午後陽光熾熱，我們就像老朋友一樣聊著天。

「我的臉很紅吼？我很喜歡曬太陽啦，我老家在宜蘭，剛從宜蘭到臺北，等等就要回臺中了，想說趁搭車前的空檔繞過來市集逛逛。」一頭長髮紮了起來，深邃立體的五官，配上健康的膚色，十足 Outdoor 風格。

他花了好長的時間在攤位前挑選，也詢問關於植物特性與種植的疑惑。每一盆都拿起來端詳了好久，但他的視線始終都會回到一盆名叫「白厚葉弁慶」的植栽上。

這品種一般市場上不常見，適合全日照跟通風非常良好的種植環境。我們照慣例問了他預計擺放的位置。

「我要放房間的，不過是在窗臺上。我有一個窗臺，曬得到太陽，差不多一天有五到六小時，通風還蠻好的！」

由於他是住在臺中市區，我們特別提醒都市的悶熱環境可能會讓植株不健康。幾個月後，又遇見他。

「Marco，你上次買的那盆植物還好嗎？」

他不好意思地說：「下次我可以帶空盆來，你們再幫我挑一棵多肉植物種回去好嗎？」我們還來不及回答，他接著說：「上次去市集，其實是因為我換了新工作，逛逛市集買個東西給自己，像是一個新的開始。之前沒種過多肉，想說可以買來試試看，結果休假跑去蘭嶼八天，回來沒多久它就跟我說掰掰了。」

我們聊了一下他的照料方法：那盆放在窗臺的白厚葉弁慶，剛開始差不多七天澆水一次，而且是利用下班後的晚上，每次也會澆到水從底孔流出來；這樣的模式基本上是沒問題的。

「但後來它瘋狂地掉葉，沒多久甚至整株從莖部斷掉，就這樣陣亡了。」

「那日照呢？」

原來他的租屋處座北朝南，在放晴時，窗臺一整天都很明亮，但兩側被其他的建築物擋住，陽光真正撒在窗臺的時間不到兩個小時，別的時段都沒有日照直射。

Marco 跑去蘭嶼旅行的那段日子，剛好遇上梅雨季。因為擺放的位置已經嚴重缺乏陽光了，再加上連日細雨綿綿，空氣中的濕度非常高，我們判斷大概是缺乏日照，植株在無法正常行光合作用之下，本身的抵抗力變弱，盆中的介質又長期處於濕潤的狀態，細菌滋生且侵蝕根部，無法輸送水分及養分，因此漸漸枯萎。

很多人跟 Marco 一樣，想要在住處的陽臺擺上幾盆多肉植物，培養一下綠色手指，卻常常換來一盆接著一盆的死亡，追根究柢都跟光照量不足有關。

而都市的建築密度不低，日光常常被左右大樓遮蔽，熱島效應使得氣溫又比周邊來得高，倘若空氣不流通，就容易悶熱起來。

光照量不足跟空氣不流通這兩點，成了在城市中種植多肉植物的最大考驗。另一個困擾多肉迷的難題是：下雨不歇，植栽應該澆水嗎？

連續的降雨，會讓空氣濕度變高，水氣蒸發變慢，沒有陽光也導致它們容易徒長，栽種者往往在澆水或不澆水的兩難中徘徊。

在這類情況下，通風又不甚理想，正確的作法是即便到了澆水週期，寧願讓葉片呈現缺水的乾扁樣，也不要給水；因為多肉植物的葉面氣孔大多會在夜間開啟，只吸收空氣中的水氣，仍可維持生長基本需求。等至晴天，水分蒸發較快，便可回到固定的給水週期，那時葉片又將回復成肥厚的樣貌了。

放置於住家的白厚葉弁慶居然瘋狂掉葉

假若你住的地方通風，但日照不多，記得挑選較為耐陰或生長極度緩慢的品種，前者像百合科，後者則如部分的大戟科。並且延長澆水週期來控制徒長的問題。

住在城市的上班族留給植物的空間大多窄小，所以遇到連續大雨或較為悶熱的天候，可開電風扇來加強空氣對流，也能較快將多餘水氣帶走，避免介質悶濕而導致根系腐敗。

阿鳥
27 歲男子，臺北上班族

戴圓框眼鏡的斯文上班族阿鳥，透過臉書得知小山舍之後，就來過幾次市集，在我們的攤位上挑選許久，最後帶走了一盆小巧童趣的「峨嵋山」。

此前，他不曾養過任何一盆植物。會看中多肉的原因跟大部分的人一樣，都認為容易照顧、不必花太多心思。問他為什麼想在辦公室放多肉植栽，他回答：「因為看起來很療癒啊。每天上班很累耶，總要有些心靈寄託，就像跟同事們一起團購美食名產或中午點外送飲料。養一盆專屬的多肉也是這樣，可以讓苦悶的工作多了點繽紛色彩。」

阿鳥聊起自己的「峨嵋山」，頓時心花朵朵開、感覺很有少女心。「而且它還會開花耶，單獨一支好特別。好期待開花的時候喔。」

是啊，不少多肉品種都會開花。無論是開花或結果，都能增添與之相處互動時的趣味；隨著花開花謝的千姿萬態，期待度加倍！療癒感升級！

只是，有些人根本沒辦法養到開花的階段，就因為照顧不周而枯萎敗壞了——那時便不是療癒自己，而是得治癒它了。

一般公司的辦公室，養護條件的限制，不外乎是光照量跟通風與否。在七天澆水一次的週期之下，阿鳥的「峨嵋山」照料得很好，靈秀脫俗，頗有群山簇擁之勢。

「因為我都有做上網功課啊。」阿鳥沒有放在自己的辦公桌上，為了讓可愛的它可以處在不悶熱的環境，所以長時間置於通風良好的窗臺旁，而且下班後，大家也不會關窗。唯獨辦公室面北不向陽，即使對流順暢，光線也無法直照。

「如果可以直接沐浴在陽光裡，會不會長得更好、更漂亮呢？」阿鳥不禁這樣想。對多肉植栽來說，阿鳥算是很盡責的主人，不僅給予較佳的生長條件，還願意改善環境、精進養護方法。因此，他偶爾會

帶回家放在日照充足的陽臺，讓「峨嵋山」享受日光浴。

　　不過也要建議會帶回家照顧的朋友，多肉植物在夏天、冬日，或放晴、雨季各有不同的需求，照拂上要依其枯榮興衰的狀態而調整，所以，記得每天都去看看它們是不是活得很健康喔。

　　「因為它們很療癒啊，造型也很有個性，而且每一株都很不一樣，根本是外星植物啊。」這是當初阿鳥挑選的理由，「彷彿某一天，外星人開飛碟來，一束光線就接收它們了。在那之前，我要把它們養得肥肥的，這樣被帶走我才有驕傲感。」

置於辦公室窗口的峨嵋山被照顧得還不錯

Dona
住在臺南，35 歲的家庭主婦

某日小山舍的臉書收到一張照片，裡面的多肉植物看起來還活著，但遍體鱗傷，植株葉片像剛剛結痂的傷口，連盆土都灑落出來──好悽慘的畫面啊，每每看到植株有異狀，都會微微揪心。

「你好，上次在簡單市集跟你們買過植栽。我的多肉植物被鳥攻擊了，上面都是被啄的痕跡。想請問你們，這樣還有救嗎？」

傳訊息的是一位三十幾歲的家庭主婦 Dona。她之所以讓我們印象深刻，不完全是被鳥襲擊的事件，而是她是極為少數可以把多肉植物放在全日照環境的人。

盛暑的市集，天氣熱得理所當然。下午一點多，每個攤位差不多就緒了，但可能天氣真的太熱，或是以一個城市的生活節奏而言，這時段並非那麼適合外出，人潮明顯少了許多，只見攤主們拚命拭去額頭上的汗水，都對這樣的溫度感到無可奈何似的。

一股煩悶在市集裡流竄。一位短髮女生揹著後背包、握著手帕，一派輕鬆自在的樣子，穿過空蕩的攤位走道。她的表情還有走路的姿態，彷彿在說如此的天氣對她早已司空見慣。

「這些都是多肉植物嗎？」她接著拿起不同的植栽看啊看，「之前在臺南孔廟附近有一家自己投錢、沒有老闆的植物店，也是賣這樣的植物，好久以前買過一次，剛開始種得還不錯，但過一陣子植物就掛掉了，也不知道為什麼。我都有澆水啊。反而是朋友送的仙人掌，沒什麼理它卻長得很好。很奇怪。」

「我知道你說的那家植物店，在府中街裡面，四年前也在那邊買過多肉植物。」她聽到我們這麼說，臉上便露出訝異又興奮的表情。又問：「妳住臺北嗎？」

「喔，不是，我住臺南市，靠近臺南大學那邊，

昨天上來找朋友。以前在臺北待過一段時間。今天回去前,想說來好丘這邊買個 bagel 吃,沒想到這裡這麼熱鬧,還有市集!」

最後她挑了兩盆植栽:樹狀石蓮跟玉露。「我們家有庭院,所以太陽出來多久,植物就可以曬到多久。四周都是以前老房子的高度,因此也還算通風,就是夏天熱了點。這兩盆買回去,我會放在庭院養。」

好令人興奮的回答啊!遇到這麼多來自不同城市的客人,每次都會詢問其放置照料的地方,這好像是我們第一次聽到「可以全日照」這樣的答案。

但幾個月過後的初冬,她卻傳來植栽被鳥攻擊的照片。

Dona 把樹狀石蓮放在院子的花臺上,玉露則是在門口玄關的櫃子上,因為她記得我們曾特別提醒她,樹狀石蓮可以全然露天種植,非常喜歡曬太陽,而玉露是不能直曬的品種,置於散光處即可。

「一開始我以為它是不是生病了,怎麼會一直出現咖啡色的傷口,後來仔細看,這些傷口像是被咬過的痕跡,我就在猜到底是被什麼咬的啊?結果某天早上,竟然看見一群麻雀在玩我的多肉,牠們本來就常常來院子裡跳來跳去的,但沒想到會對樹狀石蓮情有獨鍾。一株漂漂亮亮的植物,被啄得亂七八糟的,看了都心疼。」

照片中遭鳥襲擊的多肉植物,葉面千瘡百孔,但莖部看起來還算正常,於是我們建議 Dona 先把植株移到通風陰涼處,並從原本七天澆水改成十天一次。除了避免繼續被鳥啄,植株在受傷的情況下,若再持續日照,恐怕會因為無法正常行光合作用而導致枯萎死亡,等到被啄的葉片代謝掉,植株又長出新的葉子,再移到原本的地方。

大部分景天科多肉植物在臺灣的夏天會休眠,南

放在全日照庭院的樹狀石蓮，被鳥啄傷的淒慘模樣

部都市的暑季又特別炎熱，進入休眠期就不需要那麼多的日照了。所以，如果你跟 Dona 一樣，擁有日光充沛的幸福庭院，可以在入夏後，把植株移到半日照之處，或拉個黑網掛在上端，遮掉 50％ 的陽光，這樣會是一個比較理想的環境。當然，在春秋冬三季多肉植物甦醒後，全日照毫無疑問是個絕佳的生長條件。

至於露天種植，就日照量與通風度而言，雖然比擺放室內或窗臺來得理想許多，但風吹雨淋，還有偶爾的蟲害、鳥害等，植物的品相難免會有些「自然的瑕疵」。

只要記住，露天種植一定得挑選較能適應臺灣環境的強健品種。蟲害如果及早發現，用夾子除之即可，或上花市買些天然的除蟲噴液，定期防範；也可以在種植處懸掛一些彩度較高的旗幟布條使之飄動，或放個轉動的小風車，多少都能達到嚇阻鳥類來侵襲你心愛的多肉植物。

五 . 私藏最美的風景

小山舍幾乎一個月都會參加一次在四四南村的「簡單市集」

多肉植栽對我們不單單是一盆植物而已，灌製水泥盆器的手、栽種的手、販售的手，每個過程都可以傳遞溫度，讓我們遇見植栽以外的人事物。當我們用藝術品的角度，並用心照顧它們時，其線條、色澤、紋路、造型等，都會成為獨一無二的元素。

除了可以連結心靈與自然，植栽也能維繫人與人之間的情感。我們特別喜歡市集的氛圍，總覺得在那樣的環境裡，每個人都抹上微醺的笑容、短暫卸下了沉重的包袱。聊植物，也聊朋友，還有生活中大大小小的事情，交換過一個又一個故事。而選擇在鄉下樂活，也因為多肉植栽認識了更多人。他們

2015 年「春風景」植展在日常生活咖啡

來自四面八方，但都帶著相似的個性：容易滿足，
也十分樂天。

　不管是展覽、市集或日常生活，沿途的景致宛如
四季更替般熱鬧，透過植物，彼此才有了每一次相
遇的機會。

1. 田中央的小屋

春峰錦的豔紅，沾滿了濃濃的喜氣

春天

二〇一三年，那時的「小山舍」只是個剛草創的工作室，做什麼都隱隱約約、模模糊糊，只知道我們熱愛植物，也享受空間。

當時在屏東與南投的老家農地上，我們蓋了兩棟小房子，取名小屋一號跟小屋二號。由於經費有限，才試圖透過自力建造的方式，分別以木構及磚造完成。也許它們的實用性並不大，但對我們來說，親自去實踐出屬於自己的空間，可以自由自在栽種喜歡的植物，隨性窩在裡頭，這些都比真正住進去來得有意思。

更難得的是，隨著時間慢慢拉長，植物也像是各種線條一般，在空間裡裡外外蔓延，最終爬滿結成一面綠色的網子，小屋一號跟二號就這樣漸漸與農村地景融為一體。待在小屋裡，宛如待在田野間的庇護所，感覺屋子是被大山擁抱，心則被植物擁抱。

左：木造小屋像是田野間的庇護所（小屋一號）
右：與自然共生的田中央紅磚厝（小屋二號）

2.「我唯一看得懂的展覽。」

怪魔玉的葉色，在酷暑中是一種朝氣

夏天

很幸運地，我們得到一次機會，可以在臺中忠信市場的「黑白切」替代空間以植物作展覽。那是氣候潮濕悶熱的七八月，一個類似櫥窗式的展覽。大多的藝術家擺置好作品就離開，直到展期結束再回去撤場。我們開始思考，要選擇怎樣的植物作為那次創作的素材。

「也許我們不會每天都在現場，那就試試看不需要每天澆水的多肉植物吧！」

忠信市場原本是一個傳統市場，因為跟不上時代快速變化的腳步，它最終仍舊沒落了，周圍一家一家的

高級餐廳，跟被遺忘的市場形成強烈的對比。可是不管它再怎麼變化，依然跟「吃」有關。如何利用植物作為媒介，讓觀者就算只是經過展場也能重新喚起對這空間的記憶，成為我們重要的課題。

於是，我跟夥伴釘了一張大木桌，上面放了大大小小不同造型的食器，將多肉植物全部裸根，用苔球包覆後放入桌上的器皿，試著營造出用餐的景象；我們把那次的展覽取名為：**小食植物**。

植物是活的，會跟展場產生細微且神祕的互動，以及充滿生命力的連結。我們也是第一次利用這樣的素

材來創作，只要一有時間，就往展場跑，一來確保它們是否健康生長，二來記錄植物每一階段的變化。

好幾次在現場，路過的人常好奇跑進來問我們在幹嘛，得知後都會露出充滿驚訝的表情：「我還以為這裡新開了一間花店ㄟ！」、「你們的植物好特別也好漂亮，有在賣嗎？」

為期三週的展覽，最後一天撤場前，住在隔壁的阿嬤走了進來，我們盡可能用她能理解的方式告訴她，我們在做什麼。但植物成為一件作品，跟觀者解釋創作理念本來就不是一件簡單的事，更何況對象是一位看起來七八十歲的阿嬤。

她穿著短褲短袖、踩著拖鞋，看起來就像你我的阿嬤一樣親切。「我在這兒住了三十多年，也在這邊看了不同的人來辦展覽，這是我唯一看得懂的展覽。」她慈祥地瞇著眼睛笑著說。

不論這位阿嬤看懂了什麼，至少她讓我們更深刻的體悟到，像植物這樣的素材絕對跟人是貼近且有共鳴的。「小山舍」因為這場被一個阿嬤看懂的展覽，似乎有了較為清晰的未來輪廓，植物藝術化及品牌化，成了我們往前的目標。

「小食植物」布展中

左、右：水苔包覆多肉植物，置於器皿中，傳達「食」的意象

3. 以物易物的剪髮師

火龍果已成日常中最為常見的仙人掌了

越夏過後的玉露，灰藍色的葉，偶爾帶著一點紅

秋天

我們終於在埔里找到落腳之處，花了好大的工夫才把工作室整頓好。那接下來呢？一張水電工大哥給的地圖放在桌上，用紅筆標記了一些地點，作了筆記，打算好好認識這地方。

生活步調的快慢決定了你會看見多少的風景。除非要到外縣市，否則我們極少在埔里開車，因為那樣的速度，匆匆一瞥，能留在心裡的並不多。所以大多時刻，我們散步或騎單車，悠悠晃晃在這山城小鎮裡。每日都像探險，發現一些可愛之處，就在地圖標上新的註記，所以那紙地圖滿是褶痕，還有密密麻麻的符號與文字。

　　埔里絕對是個適合生活的小鎮，人跟自然的距離是如此親近，盆地地形加上四面環山，傍晚後因為周圍的高山冷空氣下降至盆地，所以即便是酷暑，夜晚依舊涼爽。當然，硬要說缺點，大概就是冬天比其他地方還要冷一些。不過總體來說，這裡的自然生態豐富，環境舒適宜人，就連多肉植物都喜歡在這樣的環境下生長。

　　每天工作結束後，在夜幕低垂前，習慣登上單車繞著環山的小徑，穿梭於一塊又一塊的茭白筍田間，遠眺雲霧順著山的坡度緩緩而下。隨著踩踏越來越慢，呼吸也越來越平穩，眼望所及，一片幽靜。

一整片的綠，層次分明，望著就令人心曠神怡

某日回程，在一處荒廢的透天厝騎樓下休息，無意間發現一個超大塑膠桶，裡頭裝著七分滿、墨綠的水，顏色深到可以看見自己的倒影。在水面似乎有一股騷動漣漪般的擴散開來。「好多的孔雀魚喔，怎麼會這麼多！」不自覺的驚呼，桶子裡的魚兒也像聽到一樣，興奮地擺動著細小的身軀。入秋後夕陽的光線明顯變得薄弱，但怎麼也沒想到，牠們在倒影中是如此閃亮。

「喜歡的話，自己來撈，要多少就撈回去吧！」一個看起來年紀跟我們差不多的年輕男子爽朗豪邁地說，「這些魚是我爸養的，很漂亮吼！」後來聊了一會，才知道他就住這附近，剛經營一家髮廊不久，算一算，跟我們工作室成立的時間差不多。

年輕理髮師是道地的埔里人，在外面工作好長一段時日，決定返鄉從事自己喜歡的美髮業，於是跟家人借了小小的空間，簡單的理髮、洗髮等設備，沒有特別的裝潢。店裡特別吸引目光的，是那窗外一棵老叢茉莉花，枝幹粗壯，葉子稀疏，頂端的細細枝條猶如藤蔓，幾乎要爬滿整片玻璃窗。

「這棵茉莉花，放在這裡很久了，之前是個阿姨從嘉義搬上來的，後來搬來我這說要借放，就一直沒再拿回去。你們如果想要的話，可以搬回去啊！因為我真的不知道怎麼照顧。這麼久了，葉子長得也不多，偶爾開個一兩朵花，蠻可惜的。所以如果你們會照顧的話，就自己來搬吧！」

繼上次他大方要我們多撈點孔雀魚後，這次更豪爽，想把這棵年分已久的茉莉花送給我們。但它依附在窗前的樣子挺美的，所以只好婉拒他的好意，讓這株老茉莉靜靜地擺放在那裡。

後來我們都會固定到年輕理髮師的店裡，處理雜亂的頂上頭毛。他出生在埔里也生長在埔里，雖然年僅三十幾，卻對地方上的事了解不少，加上崇尚自然與熱愛戶外運動，所以永遠有許多當地人才知曉的新鮮事與祕密基地，他也從不吝嗇跟我們分享這些；他的小小理髮店，儼然成為我們這些埔里新住民的「旅遊資訊站」了。

「這樣好了，你們以後剪髮就不用付錢給我，用植栽來跟我交換，你們覺得呢？」有次大家說說笑笑後，他一派正經地提出這個想法。當時還不太明白植栽在他心中的意義，但覺得這想法很酷，因此我們願意以物易物，畢竟這個年代，還是有一些東西是金錢買不到的。

年輕理髮師與他的老叢茉莉

　　轉眼兩年過去了，年輕理髮師把小小理髮廳搬進自己的住家，空間更寬敞了，也重新粉刷裝飾了一番。我們還是習慣每隔一段時間就去剪髮，因為在那兒我們不只認識了更多的埔里，也彼此交換了對於生活的想法。每次頂著一頭清爽離開時，宛如擁有全新的生活想像，令人充滿自信。

　　有天散步經過他的店，他正專注盯著那棵陳年的茉莉花，手拿剪刀就像在幫他的客人剪髮一樣，不時停下來思考該從哪個角度下手。「我決定要好好照顧它了，我發現它最近開了比較多的花，放在店門前，感覺生意盎然，確實蠻好看的。」他的聲音隔著一條馬路，傳到我們耳裡。

　　「好喔！它的確很適合放在你那裡！好好照顧，它會開更多的花！」

　　我們隔著一條馬路，大聲地回傳給他。

　　九月中旬，埔里的傍晚已經是秋天的溫度了。年輕理髮師的店就在巷子口，偶爾，一陣淡淡的茉莉花香會在夜裡飄過。

4. 市集裡的對話

冬天

「這個給你們！」

清晨四點，天未亮。冬天的埔里被冷空氣完全壟罩似的，園子裡落地窗玻璃外面都是濕的，布滿了一層水珠，還有水滑下的痕跡。十二月底，空氣中的濕度相當高。

準備著北上擺市集的植栽，雖然不停地勞動，但只要有幾分鐘停下來，就得搓搓手心、呼一口氣，讓身子暖和點。不知不覺，遠方的山頭露出了微微的曙光。這裡沒有什麼太高的建築，一層厚厚的雲霧被陽光照得白花，站在園子的貨櫃屋頂上，幾乎看不見任何的房子。我們就像在一個與世隔絕的仙境裡。

滿是白色粉末的星美人，在入冬後的艷陽天格外動人

女孩

好不容易將市集的植栽按照順序地排放在車裡，不能壓不能疊，更不能晃動。每一次都是先將植栽安全放好，再輪到我們用盡千奇百怪的姿勢把自己塞進車裡。除了開車的人，其餘的一上車就瘋狂補眠。

快到臺北的路上，我與夥伴的手機同時間發出了短短的提醒鈴聲，是小山舍臉書專頁上的訊息。迷迷糊糊地滑動臉書，看見有個朋友在專頁上留言：「已經在路上啦！」霎時間，還無法回神，不太懂這句話是指誰在路上了。

一到市集，將植栽等全部卸下後便開始陳列。手機又傳來提醒鈴聲。「也是從臺中出發嗎？」又是同一個人。這次我們給

了一個簡短的回覆：「我們從南投埔里。」

　　所有東西都就定位後，客人陸陸續續前來。那天冷氣團來襲，臺北的天空灰濛濛的。但這個市集的表情太豐富多采，讓每一個熙來攘往的微笑，溫暖了這場週末的城市派對。不過隨著天色漸暗，溫度還是像溜滑梯一樣驟降，還不時飄下了毛毛細雨，人潮聚了又散。

　　手機又發出提醒鈴聲：「那下次直接去埔里找小山舍！」仍舊是同一個人。小雨停了，市集的現場傳來充滿朝氣的歌聲，是一個日本歌手正在演唱著沖繩民謠。燈亮起來，人潮也回來了，交談聲、歌聲、笑聲混在一塊，像是整個市集在微笑；有的比手畫腳，有的手舞足蹈，每個人都感染了這種簡單快樂的感覺。

　　一位年輕女孩，匆匆地從人群裡快步走來，拿了一個信封，且說：「這個給你們！」除此之外，我們沒有其他的交談，一轉眼她又消失在人群中。

　　當晚市集結束、開始收拾植栽時，手機的訊息鈴聲又響了。那個人又留言了：「希望你們會喜歡，你們加油喔！」我們立刻找出那個信封，裡面是一

張手繪卡片，上面畫了臉書專頁上曾經發過的一張照片，有植物還有狗兒。卡片的背面寫了滿滿鼓勵的話。

　　夜晚又濕又冷，拿著卡片的手還微微顫抖，但我跟夥伴們都有一股暖意在心底逐漸化開。

　　市集的現場只剩下幾盞黃光，工讀生們已把所有的器具設備收齊，我們蹲在棚底下繼續收著未售出的植栽。身體是勞累的，沒有任何的對話，但有一種滿足，也有一股力量。最後，市集的燈熄了，閉上雙眼，夜裡的風在我們身旁流動。

女孩親手繪製的明信片

每一次的市集，都有一些專注的眼神，凝視著植栽

小男孩

「如果兩年後，你還會記得我嗎？」

他的眼睛如此透明清澈，獨自一個人認真看著攤位上每一盆植物。從眼神就可以知道，他是真心喜歡植物的小孩。突然想起，一直想拍植栽與小朋友的照片，也許這是一次機會。於是我蹲了下來，輕輕拍了他的肩膀，「弟弟，你真的喜歡它們嗎？」

「嗯，我很喜歡，可是七百塊好貴喔！」

「那我們來交換條件好了，我賣你三百塊就好，

可是你要拿植物讓我拍照，這樣 OK 嗎？」

「一定還是不行買的，我會被罵。」小男孩頭低低地說，音量變得很小。

「所以你要先回去問問你的爸爸媽媽是不是可以讓你買啊？」

他的手指向對面的攤位說：「我爸爸媽媽今天不在這裡，我是跟舅舅、舅媽過來擺攤的，他們在賣羊毛氈的東西，我只是過來幫忙而已。」我輕拍他

的肩膀後，摸摸他的頭，他接著又說：「就算舅舅、舅媽讓我買，我回去一定也會被媽媽罵得很慘的。」

「你怎麼這麼確定？你買的是植物不是玩具啊？」

「真的啊！我媽很殘酷的！」

「為什麼？」我不太能夠理解，他為什麼用殘酷來形容媽媽。

「你跟她住一天你就知道。」他一副理所當然地回答我。

「那我送你呢？」

他沒有立即回答，過了一會搖搖頭說：「舅舅說不能隨便拿別人的東西。」

「可是我們是交換喔！你讓我拍照，我送你植物！」

他用著堅定的口吻一字一字地說：「還、是、不、行。」

傍晚了，天色漸暗，抬頭看 101 的燈點亮了深藍的天空，市集棚架下的黃燈也亮起來，一點點迷幻的音樂不知道重覆播放了幾次。小男孩在我的身旁

來來去去，當然，最後我還是拍了他跟植物的照片。

「下次你還會來這嗎？」小男孩問我。

「我們不一定都會在這邊，你呢？」我笑笑地回答他。

「我也是，舅舅他們從新竹來，但我不是每次都能跟。」

「哇！那我們真的更難再相遇了！」我刻意帶著感到遺憾的表情說。

「如果兩年後，你還會記得我嗎？」灰灰藍藍、紅紅黃黃的光線下，我聽見小男孩小聲地問我。

我不曉得是天氣寒冷了，還是燈光與音樂讓人產生幻覺，黃色燈泡一閃一閃的，彷彿在遊樂園裡一樣。

「你要記得，也許過了一個禮拜、一個月、一年，甚至十年後，某一天我們會再次見面，但，也有可能我們一輩子就只會在今天見面，你覺得呢？」看著小男孩瞪大的雙眼，望著 101 最高處，我反問他。

「嗯，這就是生命啊！但我好想能再見到你。」他雙眼依舊盯著在灰藍天空下發光的 101。還是無

法理解一個國小的小孩為何會有如此成熟的用語及瞬間的豁達。我摟著他的肩問他：「那你現在快樂嗎？」

他毫不猶豫地說：「快樂。」

「那你長大後，要記得今天在這跟我說過的每句話，然後記住這個時候，你是快樂的，我也是快樂的，好嗎？」

「好，但二十年後，我長大了，你還記得我嗎？你還能認出我的聲音嗎？」瞬間換我沉默，但仍點了點頭。小男孩緊緊抓著我的手，像是害怕失去什麼，看著舅舅的攤位說：「他們快收完了，我要回去了。」

「我不會把你忘記的，真的、真的、真的！」換我用一種堅定的語氣，然後蹲了下來張開雙手。我抱著他，刻意把他的頭髮弄得好亂。

鬆開雙手後，他跑向舅舅，但頭卻轉向我。我揮揮手，小男孩的舅舅、舅媽也對我笑了笑。不一會，他又跑了過來，手上拿了幾條彩虹橡皮筋手環送給我，說這些是他自己做的。

「舅舅他們還在收，舅媽說我可以不用幫忙，我不想浪費任何時間，所以又來找你了。」接著開始大聊他的電腦都是放植物的圖片、路邊的含羞草碰它都合不起來、妹妹是個破壞狂、阿嬤養了超級大隻的烏龜還有一隻混到狼犬的狗……因為我們都不確定是否還能相遇，所以特別珍惜在市集結束前的時間。他仍拉著我的手。

「ㄟ，舅舅他們好像收好了。」我提醒一下他，不要讓舅舅、舅媽等。

「那我這次真的要回家了。」這一次他自己張開雙手，我用力地回抱，並將之抱起。他雙腳離地，笑得好大聲，市集真的像極了遊樂園。

「打勾勾，我真的不會把你忘記的，因為現在我很快樂。」也不知道為什麼，我會說出這種現在回想都覺得矯情的話。

如果過了二十年後的小男孩遇見現在三十一歲的我，一切還會是如此嗎？長大有時很可怕，因為我們遺忘了最直接、單純的東西。

謝謝你，在四四南村遇見的小男孩。

市集裡好熱鬧，連蜂都在皺葉麒麟花上逗留

在園子仔細觀察植物的生長狀況，用夾子小心翼翼除去老舊的枯葉，或者發現植株異狀，立即清掃介質，處理根系有問題的多肉植物……這些似乎已經變成每天例行的事情了；頂著大太陽，就算汗水濕透了整件衣服，還是拿起一盆一盆的植栽襯著藍天靜靜觀賞，悄然無聲；沉浸在多肉植物的世界裡，時間像是靜止般，只聽見曾對自己說過的那些話，也只看到自己重複做著同一件事──迷戀上多肉植物，一轉眼已是五年。

偶爾坐在園子的木平臺上休憩喝水，看著將近一千盆的多肉植物們，沒有因為蒐集的品種越來越多，或是繁殖的技術越來越穩而自得，反而像看見每一個曾經相遇的故事在腦海裡浮現。有次工作休息，發現某一棵植物悄悄地變了顏色，也長了許多新側芽，突然想起它當初是從前輩那邊收購來的。

他們是一對夫妻，假日在臺中的花市賣多肉植物。老闆與老闆娘總是耳提面命地跟客人解釋：「這些植物大部分都需要曬太陽，而且越曬越漂亮！」當然，也會說明每株植物的名字與照顧方式。

某次在花市的攤位裡聊了許多，提及我們選擇了埔里作為工作室的基地，而他們也說曾住在埔里一段時間，當時很年輕的兩夫妻雖然在不同的地方工作，卻都從事園藝。

離開埔里後，兩夫妻跑到信義鄉做切花，那裡的山讓他們無法忘懷，聊起山，他們的眼神彷彿就映著翠綠色，「每天早上醒來，哇！玉山就在你的眼前，相當壯觀，很漂亮，住在那裡最幸福的就是跟山很近。」老闆帶著激昂的口氣形容那裡的山。當下更加相信，這對夫妻是打從心裡熱愛植物的那種人。

植物點綴了每一場市集

後來因為顧慮到孩子就學、就醫的關係，決定搬回臺中。老闆娘說，在離開信義鄉的隔年，賀伯颱風襲臺，山裡受創嚴重。他們回想起在那裡生活的種種：每逢下大雨就斷橋，又因為停水停電，冰箱的食物都壞了，先生只好冒著風險涉水，去買些泡麵回家。

「好久沒有回去了。」老闆透露出只有當下對談才能感受到的思念。

「我以前就愛種花，當學生時打工的錢都是為了買植物。」從我手裡接過了錢，老闆娘低頭害羞地說。夫妻都是唸園藝出身，如今的同班同學中，也只有他們兩個仍從事這類工作。

看著從他們手中買來的那盆植株，顏色變了，枝幹更粗，葉子也更茂密。但有些事自始至終不曾改變，會更顯得珍貴。

還記得小山舍第一次北上擺市集的四月天，那日氣候不穩，陰晴不定、忽晴忽雨，令人非常糾結。

中途，我們在泰安休息站停靠，為的是讓後車箱滿滿的植栽可以得到片刻喘息。一對中年夫妻的車子停在旁邊，看見我們後車箱打開全是植物，於是好奇地走了過來。除了聊起多肉植物現在多麼熱門、連他們的小孩都在種之外，還問了我們為何要選擇這樣的工作。

十幾分鐘的交談，不算長，雖然與這對夫妻素昧平生，卻彼此交換了聯絡的方式，而他們也請我們繼續堅持、也為我們的夢想加油。我們繼續北上，車上除了滿滿的植物，瞬間也裝了滿滿的祝福。眼前，天空也撥雲見日了。

一路上跌跌撞撞，從一知半解，到可以跟不同領域的朋友分享栽種的樂趣與照顧的方法，這些都是

當初從未想過的事；一如也從未想過種植多肉植物
會成為我們的職業。

　一株多肉植物、一個水泥盆器組合成一盆植栽，
我們熱愛它們那種與生俱來的獨特魅力，生活的版
圖也因之越來越寬闊，認識了更多朋友跟故事，令
人著迷的永遠都是這些人、事、物所交會出來的風
景。

　我們也深深相信一個道理：把植物放入對的盆器、
把植栽擺在對的位置，心自然就會處於舒服的狀態。
世間萬物，適得其所，那即是我們所想像的，最美
好的生活樣貌了。

雙手捧著大雪蓮，是每一日的用心呵護

後記

　　一轉眼，小山舍已成立兩年多。每次市集的開始與結束，看著其他攤友們拖著一只行李箱，就把所有商品陳列或收拾完畢，心裡總會想：「為什麼給自己選了一個這麼辛苦的創業？」

　　植物是有生命的，不能疊也不能折，更不可能用行李箱把它們全部裝進去、帶著走。每次搬進車裡又搬出來，時間不知過了多久，抬頭一看，夥伴們的額頭已全是汗水。

　　特別感謝我的夥伴國軒、崑瑞和承嘉，我們都曾感到困惑，卻深信只要專心做好手邊的事，一切都會更好；我們一起走的，不是實踐夢想的道路，而是一條回到生活原貌的歸途。

小山舍的閱讀書單

仙人掌與多肉植物
作者：小林 浩
譯者：羅華齡、尤善琦
出版社：園藝世界出版社
出版年：2001

多肉植物寫真集（第一卷）
語言：日文
出版地區：日本
作者：國際多肉植物協會（日本）
出版社：河出書房新社
出版年：2004

仙人掌的自由時光：手作的創意幸福生活
作者：羽兼直行
出版社：果實出版社
出版年：2005

多肉植物栽培指南
作者：園藝編輯組
出版社：文國書局
出版年：2006

仙人掌栽培指南
作者：園藝編輯組
出版社：文國書局
出版年：2008

多肉植物寫真集（第二卷）
語言：日文
出版地區：日本
作者：國際多肉植物協會（日本）
出版社：河出書房新社
出版年：2011

多肉植物

語言：日文

出版地區：日本

作者：長田 研

出版社：NHK

出版年：2012

特殊造型仙人掌植物盆栽鑑賞圖鑑手冊

語言：日文

出版地區：日本

作者：小田康平

出版社：二見書房

出版年：2013

多肉植物仙人掌植栽布置生活完全讀本

語言：日文

出版地區：日本

作者：松山美紗

出版社：MOOK

出版年：2014

多肉植物的栽培與養護

作者：黃騰毅

出版社：雅事文化

出版年：2014

多肉植物圖鑑

作者：梁群健

出版社：晨星出版有限公司

出版年：2015 年

BRUTUS 9 月號

語言：日文

出版地區：日本

出版年：2015

圖鑑索引

理想生活 +004

日日多肉

作　　　者　蔡岳廷（小山舍）

發　行　人　葉力銓
總　編　輯　劉叔慧
主　　　編　鄭建宗
設　　　計　王金喵 antoine.wang@coolersea.com
行 政 副 理　蕭秀屏
法 律 顧 問　郭承昌律師
印　　　刷　緯峰印刷股份有限公司

出　　　版　日初出版社 Arising House
地　　　址　11071 臺北市信義區忠孝東路四段 512 號 5 樓之 3
電　　　話　(02)2722-0321
傳　　　真　(02)2722-0221
客 服 信 箱　arisinghouse@coolersea.com

總 經 銷　知己圖書股份有限公司
臺 北 公 司　臺北市 106 大安區辛亥路一段 30 號 9 樓
電　　　話　(02)2367-2044
傳　　　真　(02)2363-5741
臺 中 公 司　臺中市 407 工業區 30 路 1 號
電　　　話　(04)2359-5819
傳　　　真　(04)2359-5493

訂 購 方 式
銀　　　行　華南銀行 (008) 忠孝東路分行
帳　　　號　120-10-008090-9
戶　　　名　酷樂戲有限公司
客 服 電 話　(02)2722-0321#18

請將收據傳真或寄至客服信箱，並註明書名、郵寄地址及收件人
商品金額未滿 500 元 (含) 以上，須另自付運費 70 元 (海外另計)

I S B N　978-986-91686-8-7
初 版 一 刷　2016 年 2 月
定　　　價　NT480 元

國家圖書館出版品預行編目 (CIP) 資料

日日多肉 / 蔡岳廷（小山舍）著 . 初版 . 臺北市
: 日初 , 2016.02
256　面 ; 23X17 公分 .　(理想生活 + ; 4)
ISBN 978-986-91686-8-7(平裝)
1. 仙人掌目 2. 植物圖鑑

435.48　　　　　　　　　　　　104027980

親愛的讀者您好，感謝您購買本書。
只要您透過下方 QR CODE 或網址填寫讀者回函，我們將不定期寄送
新書資訊，或讀者專屬的活動訊息給您。

http://goo.gl/forms/zJ9YOVDxO1